一看就能用的心理学

抓住人和社会的本质

[日]内藤谊人 著
唐文霖 译

华龄出版社

图书在版编目（CIP）数据

一看就能用的心理学：抓住人和社会的本质／（日）内藤谊人著；唐文霖译. -- 北京：华龄出版社，2023.11

ISBN 978-7-5169-2565-2

Ⅰ.①一… Ⅱ.①内…②唐… Ⅲ.①心理学－通俗读物 Ⅳ.① B84-49

中国国家版本馆 CIP 数据核字（2023）第111462号

人と社会の本質をつかむ心理学
HITO TO SHAKAI NO HONSHITSU WO TSUKAMU SHINRIGAKU
Copyright © 2021 by Yoshihito Naito
Illustrations © by MORNING GARDEN INC.（Mayuko Tamai）
Original Japanese edition published by Discover 21, Inc., Tokyo, Japan
Simplified Chinese edition published by arrangement with Discover 21, Inc. through Chengdu Teenyo Culture Communication Co.,Ltd.

选题策划	墨染九州		责任印制	李未圻
责任编辑	郑 雍		装帧设计	末末美书

书　名	一看就能用的心理学：抓住人和社会的本质		作　者	（日）内藤谊人
出　版	华龄出版社		译　者	唐文霖
发　行				
社　址	北京市东城区安定门外大街甲57号		邮　编	100011
发　行	（010）58122255		传　真	（010）84049572
承　印	天津睿和印艺科技有限公司			
版　次	2023年11月第1版		印　次	2023年11月第1次印刷
规　格	880mm×1230mm		开　本	1/32
印　张	5.25		字　数	130千字
书　号	ISBN 978-7-5169-2565-2			
定　价	49.80元			

版权所有　侵权必究

本书如有破损、缺页、装订错误，请与本社联系调换

前 言

本系列旨在创作通俗易懂的入门书籍，而本书——《一看就能用的心理学：抓住人和社会的本质》尤其简单明了，因为心理学的研究对象本就是我们身边最熟悉的事物。

心理学的研究对象正是我们人类。

也就是说，读者们可以利用自己身边的案例，确认心理学上揭示的法则和公式。正因为我们经历过，所以会忍不住发出"啊，这种事经常发生""原来如此，怪不得我总是犯错"的感叹。

对于物理学、数学、哲学等学问，是该说它们的纯粹性很高？还是该说它们的抽象性很强呢？即使一边叹气，一边试图理解，也往往是一头雾水。首先请大家放心，在学习心理学的时候，绝对不会出现这样的状况（笑）。

当然，心理学作为一门学问，姑且算是一门"科学"（Science），有时也会使用公式之类的东西。但是，心理学的公式中使用的"变量"（主要原因）并不难理解，因为这些原本就是我们在日常生活中经历过的，所以即使算式化、公式化，也很容易理解。即使不擅长数学，也完全没有问题，所以请大家不用担心。

例如，无论是运动、工作，还是演奏乐器，通常都会使用"技能"（技术）这个词，说得复杂些就是"在特定的情况下完成一系列行动的能力",这就是心理学中最简单的公式。

技能(skill)= 速度(speed)× 准确度(accuracy)

说到钢琴演奏,越是能快速、准确地弹奏相应的琴键,越是能够说明"钢琴的演奏能力很强"。

技能是由"乘法"决定的,所以无论弹奏速度有多快,如果准确度为零,那么乘法计算下的技能数值也会变成零。

心理学上出现的法则和公式最多也就是这种水平,你觉得如何?会不会有"这种水平,我也能学会"的想法。在现在这个阶段,你可能还只是半信半疑,但为了让大家都能理解,笔者想针对初学者进行详细的说明,并尽量不使用大家看不懂的措辞,所以请务必看到最后。

目 录

第 1 周
心理学是怎样一门学问

第 1 日 ———————————————————— 3
关于心理学的常见误区

第 2 日 ———————————————————— 7
如何开始学习心理学

第 3 日 ———————————————————— 13
心理学的研究方法有哪些

第 4 日 ———————————————————— 25
心理学和其他学问有什么关系

第 5 日 ———————————————————— 29
心理学旨在让人幸福

第 2 周
通过心理学了解彼此

第 ① 日 ———————————————————— 35
人心到底有多深

第 ② 日 ———————————————————— 47
如何提高干劲和注意力

第 ③ 日 ———————————————————— 59
心理学有哪些高效的学习法

第 ④ 日 ———————————————————— 69
如何建立良好的关系

第 ⑤ 日 ———————————————————— 81
做出正确的判断并非易事

第3周
通过心理学解读世界

第 1 日 —————————————————————————— 95
人的行为背后蕴含着怎样的心理

第 2 日 —————————————————————————— 105
优化组织运作的心理学

第 3 日 —————————————————————————— 117
有助于商业活动的心理学

第 4 日 —————————————————————————— 129
提高幸福感的心理学

第 5 日 —————————————————————————— 141
利用心理学解读社会

参考答案 ———————————————————————————— 153

后　记 ———————————————————————————— 159

第 1 周

心理学是怎样一门学问

第 1 日
关于心理学的常见误区

第 2 日
如何开始学习心理学

第 3 日
心理学的研究方法有哪些

第 4 日
心理学和其他学问有什么关系

第 5 日
心理学旨在让人幸福

第一周，我们来聊聊心理学是怎样一门学问。
人们经常将心理学和精神医学混为一谈，可它们完全不同。
笔者相信一定有人听说过弗洛伊德和荣格，
但他们不是心理学家，而是精神分析学家。
另外，最近流行的"心灵主义"也不是心理学。
心理学通过实验、调查、观察等方式，
从客观、科学的角度研究人类的心理和行为。
心理学的目标是让我们变得更加幸福。
可以说，这是一门以科学的方法探索如何实现我们愿望的学问。

第 1 周

第 1 日
关于心理学的常见误区

占卜师

精神科医生

心理学家

心理学是
与精神医学不同的学问

读者们，你们认为心理学是怎样一门学问？

这里有一个常见的误区：心理学家就是精神科医生。

心理学家是研究心理学的学者，而精神科医生是医生。尽管两者全然不同，却总是被混为一谈，这是为什么呢？可能是因为"心理"和"精神"这两个词的意思在日常生活中几乎完全相同，所以很多人认为它们没有区别。

但是，从职业的角度来讲，心理学家和精神科医生完全不同；而从学问的角度来讲，心理学和精神医学也是完全不同的学问。

的确，在心理学中，有专门治疗心理疾病的领域，我们称之为"临床心理学"。那么，心理咨询师、心理治疗师，以及被称为临床心理学家的人，和精神科医生一样吗？

不，他们不一样。精神科医生终究是医生，可以使用药物。而心理咨询师和心理治疗师不是医生，不能使用药物。一旦用了，就触犯了法律。虽然两者的目的都是治疗心理疾病，但精神科医生不是心理学家。精神科医生以药物治疗为主，心理咨询师和心理治疗师以心理治疗为主，会认真聆听患者的心声。

然而，令人困惑的是，精神科医生们常常也会出版心理学著作。来到书店，就能发现很多精神科医生所著的《××心理学》之类的书。这就是为什么越来越多的人把精神医学和心理学混为一谈。

心理学家和精神科医生的区别

心理学家	精神科医生
心理学的研究者	医生
临床心理学家和心理咨询师以聆听患者的心声为主	可以使用药物治疗

另外,对心理学稍有了解的人应该都听说过弗洛伊德和荣格等学者的名字,然而遗憾的是,他们都不是心理学家。弗洛伊德创立的是另一个名为"精神分析学"的学问。这两门学问连名称都不同,不知为何会一概而论?

进一步来讲,最近流行的"心灵主义"也不是心理学。心灵主义者是指信仰心灵的人,不是心理学家,不知道为什么很多人将他们混为一谈?

说起心理学,很多人认为这是一门"解读人心的学问"。的确,这样的领域是存在的。但是,心理学与占卜不同,需要观察人的行为和表情并进行分析。

从这层意义来讲,拥有"占卜师、精神××"等头衔的人也不是心理学家。本书是讲述心理学的书籍,不谈论精神医学的话题,也不提心灵主义的理论,更不讲述弗洛伊德的故事,希望大家谅解。

将 知 识 融 会 贯 通 的 自 学 测 试

基于心理学家和精神科医生的不同，加深对学问的理解。

问 题

试着总结心理学家和精神科医生的区别。

心理学家

❶ 心理学是怎样一门学问？

❷ 怎样的人才属于心理学家？

精神科医生

❶ 精神科医生和心理学家在职业方面存在哪些区别？

❷ 什么样的人才属于精神科医生？

问 题

心理学家

❶ _____

❷ _____

精神科医生

❶ _____

❷ _____

答案见 P153

第 1 周

第 2 日

如何开始
学习心理学

一切学问（包括心理学）都起源于哲学

我们人类从数千年前就开始对各类事物产生好奇心，并抱有兴趣和热情。"为什么鸟会飞？""为什么天空是蓝色的？""为什么人类要结婚？""为什么人类要发动战争？"等。

尝试解答这些"为什么""为何"等疑问的行为就是学问，而思考万物的学问，即为"哲学"。

哲学之所以被称为"一切学问之父""万学之祖"，是因为一切学问都起源于哲学。

然而，抱着"思考一切疑问"的态度，会因为范围太广而一发不可收拾。于是，自然而然地出现了这样的群体——只思考特定事件或非常有限的对象。

"我们只考虑行星的运动，其他都无所谓！"有这种想法的人聚集在一起，脱离哲学，创立了名为天文学的学问；而有"我们只想考虑物体的运动"的想法的人聚集在一起，脱离了哲学，创立了名为物理学的学问。

同样，"只想研究数学"的人们创立了数学，"只想研究人体结构和疾病"的人们创立了医学。像这样，新的学问不断涌现。

然而，虽然其他学问纷纷独立，但直到 19 世纪后半叶，心理学才彻底脱离哲学。在此之前，心理学一直都是哲学的一部分。

"心理学有很长的过去，却没有悠久的历史。"正如以研究记忆而闻名的赫尔曼·艾宾浩斯所说，心理学最多只有 150 年的历史。

在大学的心理系讲座中，有教授心理学历史的科目——"心理学史"，但这门科目却空有其表，几乎都是在讲述亚里士多德和柏拉图的哲学话题，这也是因为心理学一直都是哲学的一部分。

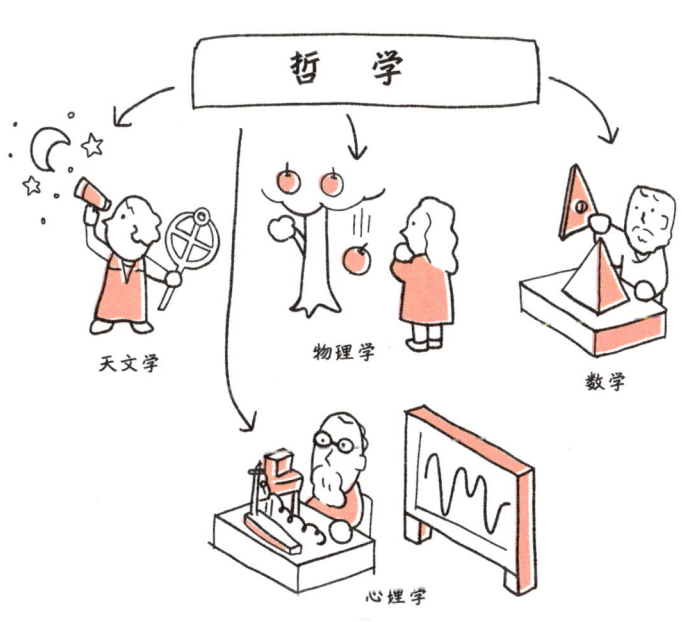

心理学是建立在实验、调查和观察之上的科学

"人类是什么?""人类为什么具备道德?""人类为什么会坠入爱河?"无论你怎么思考,都不会有明确的答案。在哲学的世界里,这类问题经过了 1000 ~ 2000 年的讨论,然后便出现了这样一类人——他们认为仅凭头脑思考,或许永远都找不到答案,又或许只是在重复毫无结果的争论。

A 说:"○○是正确的。"而 B 却说:"不对,□△才是正确的。"出现意见分歧时,究竟该如何是好?

如果以宗教为例,就很容易理解,但还不能完全解决问题,因为双方都认为自己的主义、主张是正确的。宗教性的争论引发宗教战争,也是因为彼此的主义、主张无法分出是非对错,最后只能依靠武力取胜。

最初的心理学家们认为:"这样一来,事情完全没有进展。"随即便决定停止胡思乱想。然后,在实验、调查、观察等基础上,尽可能地以客观、科学的方法研究人类的心理和行动。

从学问的角度来讲,哲学和心理学对待人类的感情、理性、道德、

面对的主题

| 人类的感情、理性、道德、爱情 | → 使用科学的方法 → | 心理学 |
| | → 不使用科学的方法 → | 哲学 |

爱情的方式相同，但是在"使用科学的方法"这一点上，心理学与哲学不同。正因如此，心理学才得以脱离哲学。

对于数学、天文学等很早以前就脱离哲学的学问，我们很难确定其成立的时间，但是心理学成立的时间十分明确。心理学创立于1879年，一个名为威廉·冯特的人在莱比锡大学建立了最初的心理学实验室。心理学是一门年轻的学问，所以其成立的时间十分明确。而冯特也因此被称为"心理学鼻祖""实验心理学之父"。

顺带一提，冯特是大学的哲学教授，而这也恰恰说明，心理学原本就是哲学的一部分。

冯特（1832—1920）

将知识融会贯通的自学测试

回答有关心理学的学习方法和重要人物的问题，理解心理学的特征。

问题 1

请在以下空白处填写词语。

心理学是一门从哲学中分离出来的学问，距今大约有 150 年历史。从学问的角度来讲，哲学和心理学对待人类的情感、理性、道德、爱情的方式相同，但在（❶）这一点，心理学有些不同。

问题 2

请试着了解心理学鼻祖威廉·冯特，看看他是一个什么样的人？

问题 1

❶ _____

问题 2

_____
_____
_____
_____

答案见 P153

第 1 周

第 **3** 日

心理学的研究方法有哪些

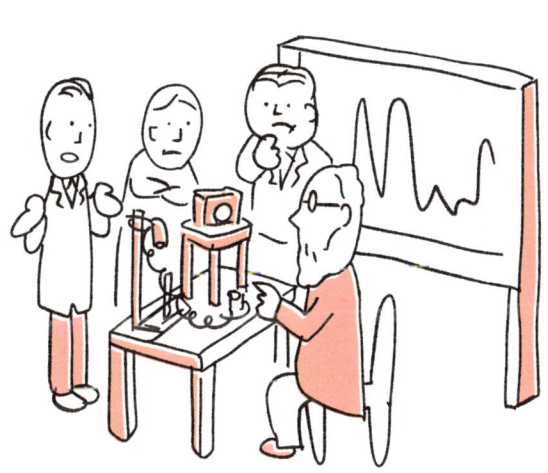

心理学家将数据视为生命

　　心理学家与哲学家不同，不会只凭借思考寻找答案。心理学家必须取得某种"数据"，让数据"说话"。不是要表达"我是这样想的"，而是要表达"**数据是这样显示的**"，这种做法被称为"**实证主义**"。

　　心理学是一门科学，即使发生争论，也不同于宗教和哲学。如果不喜欢对方的意见，可以拿出与对方意见相反的数据，仅此而已，非常简单。

　　例如，专家们会在报纸、电视上发表"最近，未成年人的犯罪率正在增加。这是日本的教育不好，家庭的教育不到位，以及政治的腐败造成的"等言论，这些主张似乎很有道理。

　　那么，这种观点正确吗？

　　如果换作心理学家，这时候会立刻确认数据。试着在网络上寻找可以参考的数据，然后就会发现，平成29年（2017年）的犯罪白皮书中有少年犯罪率变化趋势的记录。

　　诸如"中间少年""触法少年"之类的术语，对于一般人来说可能有些陌生，也不知道该如何区分，我们暂且将其全部归结为"少年犯罪"吧。

　　是的，查看数据就能迅速找到答案——少年犯罪率不仅没有"正在增加"，反而"呈稳步下降趋势"。少年犯罪率在昭和55年至昭和60年间（1980—1985年）达到顶峰，此后则整体呈下降趋势。

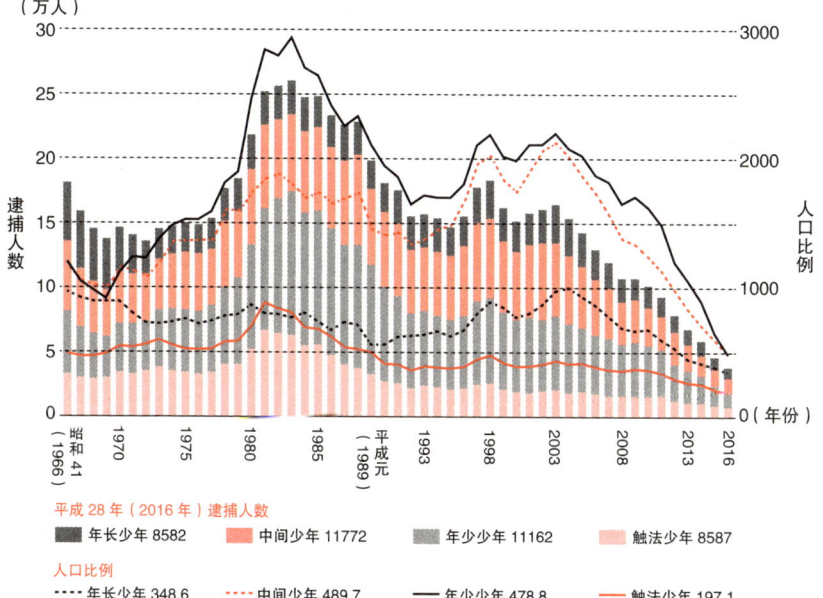

少年触犯刑法 拘捕人数・人口比例的变化（按年龄段划分）①

注1：引自警察厅统计，警察厅交通局的资料以及总务省统计局的人口资料。
注2：根据犯罪时的年龄统计，但逮捕时年满20周岁的人除外。
注3："触法少年"为辅导人员。
注4：平成14年至平成26年（2002年至2014年），包括危险驾驶致伤、致死在内。
注5："人口比例"为各个年龄段中，每10万名少年中因触犯刑法而被逮捕（辅导）的人员。另外，计算触法少年的人口比例时，仅使用10周岁以上14周岁以下的人口数。

如果有专家主张"少年犯罪率正在增加"，那么心理学家则会拿出证据，并表示："不，你的主张是错误的"。心理学作为一门科学，通过提出"反证"，确认双方主张的正确性。

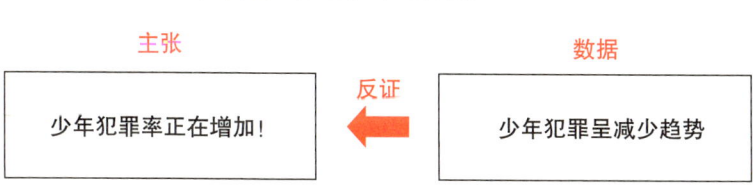

心理学是一门科学，利用数据提出反证。

---

① 译者注：年长少年，指18、19周岁的少年。年少少年，指14、15周岁的少年。辅导人员，指少年犯罪后，因年龄较小而未被送检，但要接受警方的教育、辅导。

关于变量

在进行科学研究时，了解"变量"这个概念非常重要。

事情发生的时候，存在各种各样的原因和因素，而这些原因和因素，在心理学上被称为"变量"。

人类的心理很复杂，不能直接研究。因此，首先要将人类的心理尽可能地细分，然后集中在简单的变量上进行研究。

A 和 B 这两个变量是如何互相关联的？如果 A 增加，B 也会随之增加吗？相反，如果 A 增加，B 会随之减少吗？心理学的基本研究方法就是确定变量之间的关系。

哲学家和社会学家经常批判："心理学家将人类简单化了。"但是，想要进行科学化的研究，就只能集中研究简单的变量。

例如，假设有教育家主张："如果观看暴力场面过多的电影，人就会变得暴力，所以最好不要看。"

心理学家为了验证这种主张的正确性，会立刻决定变量，以便进行测定（为了获取数据）。以这个案例来说，就是：

变量 A 是看暴力电影，还是看其他电影

变量 B 看了电影，会不会具有攻击性

说得更详细些，实验中可以操作的变量被称为"自变量"，而与被测量数据相关的变量被称为"因变量"。为了便于理解，我们暂且统称它们为"变量"。

事实上，早就有人对此进行了实验，我们来简单了解一下这个实验吧。

加拿大毕索大学的斯蒂芬·布莱克来到电影院,向想要观看暴力场面较多的电影(《越战先锋》)的人,和想要观看没有暴力场面的电影(《印度之行》)的人打招呼,并邀请他们参加实验。

这两组人在电影开始前和结束后,分别接受了测量攻击性的心理测试,结果得到了以下数据:

	观看前		观看后	
	男性	女性	男性	女性
暴力电影	12.3	12.4	14.8	14.7
非暴力电影	9.0	8.8	8.6	9.3

注:满分为22分,数值越高则表示攻击性越强。

通过以上数据,可以得出两个结论:

结论1.无论是男性还是女性,原本的攻击性越强,越喜欢观看暴力电影。

结论2.原本具有攻击性的人,观看暴力电影,其攻击性将进一步提高。

心理学的研究大致就是如此。最终,由上述实验得出,观看暴力电影能够提高人的攻击性。因此,最好不要让小孩观看。

如果无法接受这一结论,该怎么办呢?

很简单,自己重新进行另一项实验(即"追踪研究")。如果使用不同的电影重新进行实验,或许就能得到不同的结果。通过反证法,使用不同的数据进行检验,就能不断积累科学性研究资料,让心理学不断进步。

心理学的三种研究方法

研究方法之 1 实验

　　心理学家的武器（研究方法）有很多种，其中最具代表性的有三种：一是实验，二是观察，三是档案数据。心理学研究大都基于这三种方法之一。接下来，笔者将逐一进行说明。首先是实验法。

　　虽说在研习物理学和化学的人们眼里，心理学的实验非常不严谨，但心理学家仍会进行实验。一边改变各种实验变量（条件），一边比较每种变量下的结果。例如，假设你提出了一个设想："只要面带微笑，心情就会变得愉快，即使这种微笑是假的也无所谓。"这不过是一种"假设"。那么，我们该如何判断这种假设的正确性呢？没错，只需进行实验，获取数据即可。

　　德国曼海姆大学的弗里茨·斯特鲁克针对这一假设进行了实验。

　　为了让参与者面带笑容，斯特鲁克要求其中一部分人"用牙齿咬住笔"——微笑条件。只要用牙齿咬住笔，人们就会自然地做出微笑的表情。

　　然后，斯特鲁克要求另一部分人"用嘴唇夹住笔"——噘嘴条件。大家可以尝试一下，做出这个动作，嘴唇会向前凸出，并自然地噘起嘴。

　　为了进行比较，斯特鲁克还设置了第三种条件——每人手里拿着一支笔。我们可以将其称为控制条件，或者比较条件。设定完三个条件（变量），斯特鲁克让参与者们阅读四幅漫画，然后以满分 10 分进

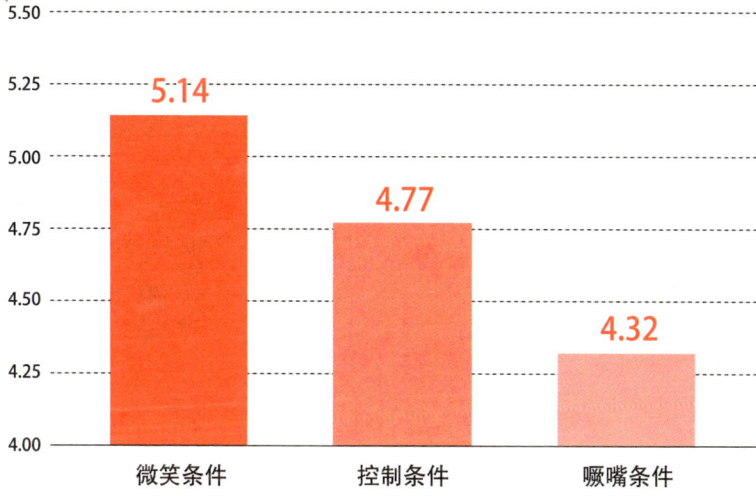

行趣味性评价。结果如下:

每种条件下,参与者阅读的漫画相同,所以对于有趣程度的评价标准一致。那么,一边"微笑"一边阅读漫画的参与者,会不会更加愉快呢?结果显示,这一条件下的参与者给予了很高的评价,且分数高于控制条件下的参与者。相反,那些噘着嘴的参与者即使阅读同样的漫画,也会觉得"没意思"。

通过收集这些数据,我们就能证明"只要面带微笑,心情就会变得愉快"这一假设的正确性。另外,我们还能得出这样的结论:嘴唇前突,噘着嘴的动作会令人不快,感到无聊。

通过实验可以确认,人类的心理会随着自己的表情改变。顺带一提,这种现象有个专门的名称,叫作"面部反馈假设"。

研究方法之 2 观察

实验不是心理学家唯一的武器。如果在实验室难以进行实验,那么心理学家就会亲临现场,观察事态的发展。偷偷带着秒表,以及做笔记用的笔记本等物品,**一边观察一边收集数据**。

例如,醉酒的人容易发生争执。那么,这种情况下,周围会有多少人出面劝阻?笔者觉得大家都有可能视而不见,但也有一些人会鼓起勇气出面调解。

但是,即使想调查调解争执的案例,也很难进行实验。虽然可以雇用特技演员和艺人,让他们演出打斗的场面,但实验参与者很快就会发现这是假的。

这种情况下,更适合使用观察法。来到现实中发生争执的地方,确认周围的人是否会出面调解。

宾夕法尼亚州立大学的迈克尔·帕克斯安排助理前往加拿大多伦多的酒吧和夜总会,时间是星期五和星期六的午夜 0 点到 2 点。

为什么是星期五和星期六呢?因为这两天的酒吧人满为患,而之所以选择在午夜,是因为这一时间段里,大多数顾客都喝醉了,更容易发生争执。

助理伪装成顾客,静静地等待,一旦发生争执,便伺机观察有多少人出面劝阻。观察时间超过 500 天,共收集了 860 多项数据。

结果显示,发生争执时,在 33% 的案例中,其他无关的顾客会出面劝阻。而且,出面劝阻的人中有 80% 是男性,女性几乎不会出面劝阻。

另外,面对男性之间的争执,在 72% 的案例中,有人出面劝阻。而面对男性和女性之间的激烈争执,只有 17% 的人出面劝阻。

或许是因为男性之间的争执危险度更高，所以立刻就有人出面劝阻，而面对男性和女性之间的争执，大部分人都装作没看见。或许他们觉得"不会发生很严重的问题"。

通过这种方式进行研究，就是所谓的观察法。

在心理学研究中，有关记忆和认知的实验通常在严密的实验室里进行，但有时也会遇到实验难以进行的情况，所以观察法也是常用的方法之一。

劝阻争执的人中有80%是男性。

只有17%的人会阻止男性与女性之间的争执。

研究方法 3 档案数据

有一种研究方法，既不需要亲自进行实验，也不需要观察。如果心理学家因麻烦而不想进行实验……当然，没有这样的事（笑）。

很多时候，我们不需要亲自调查，世界上早就有了各种资料和统计，如中央省厅发布的各种被称为"××白皮书"的数据。另外，在互联网上也能够获取诸多企业的调查数据。

这些资料和统计数据被称为"**档案数据**"。重新分析已有的数据，就会有很多新的发现。

麻省理工学院的乔纳森·格鲁伯使用美国的档案数据，揭示了一件非常有趣的事。

受少子化影响，女性的分娩数量下降，产科医生和妇科医生的收入也随之减少。

那么，产科医生和妇科医生是如何弥补收入减少的？

最简单的方法是剖宫产。与自然分娩相比，剖宫产既需要住院，又需要更多的诊费。

虽说"医乃仁术"，但医生没有钱就无法生存。因此，为了弥补收入的减少，医生们会选择增加剖宫产的数量。

当然，医生们听到这种言论，一定会强烈反对："这怎么可能！"

如果对产科医生进行问卷调查，在面对"你会不会为了弥补收入，让病人在非必要的情况下选择剖宫产"等问题时，恐怕大家都会回答"不会"。

在这种情况下，档案数据就能发挥作用了。

格鲁伯调查了美国各州出生率下降的数据，以及各州剖宫产的数据，发现这两者关系密切。出生率越低的州，剖宫产的数量就越多。

或许医生会说:"没有这回事!"但实际数据不会说谎。毕竟医生也是人,如果收入减少,就会用其他方式来弥补。

重新查看档案数据,就会发现一些非常有趣的关系。心理学家非常喜欢这种探索方式,所以档案数据是非常宝贵,非常有用的武器。

但是,有时两个变量之间看似存在某种联系,但实际上它们只是偶然地关联在一起,并没有任何关系,我们称之为**"伪相关"**。

如果你想坚定两个变量呈正相关的主张,就必须反复进行类似的调查。

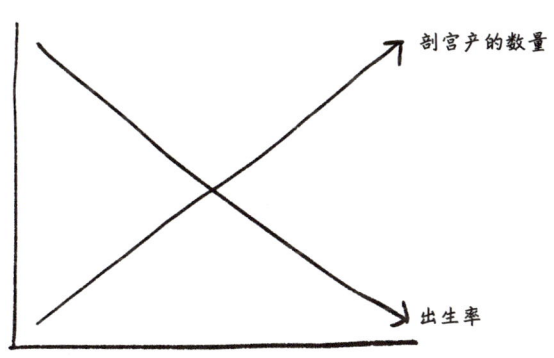

心理学家的三种研究方法

| 实验 | 观察 | 档案数据 |

心理学研究基于这三种方法之一。

将知识融会贯通的自学测试

思考心理学的实验方法,加深对心理学方法论的理解。

问题

经常有人说:"日本人过于在意他人的目光。"这是真的吗?为了确认这一言论,你觉得应该进行怎样的实验或调查?

问题

答案见 P154

第 1 周

第 **4** 日

心理学和其他学问有什么关系

心理学的领域正在逐渐扩大

最近，所有学问都在呈现出这样一种趋势：两门学问融合，形成新的学问领域。

例如，心理学家和经济学家一同创立名为心理经济学，或行为经济学的学问；犯罪学家和心理学家一同创立名为犯罪心理学的学问。

类似这样的学问还有很多，比如交通心理学、医疗心理学、教育心理学、社会心理学、政治心理学、文化心理学、生理心理学、体育心理学、语言心理学、神经心理学等，心理学的领域已经扩大到人们无法想象的地步。

因此，虽然同为心理学家，但如果专业稍有不同，有时就完全不明白彼此在做什么。

心理学家们唯一的共同点就是基于客观数据进行研究。只有这一点是相同的，除此之外，无论做什么都是自由的，这便是心理学。

这里介绍一个小知识。

当两门学问互相交流时，所产生的名称非常相似。例如下面这些名称：

心理经济学 经济心理学

心理生理学 生理心理学

你可能会觉得："不都一样吗？"其实，它们之间存在细微的差别。面对这种跨学科的学问（跨越两门学问），明白了"重点在后面"的规则，就不会感到困惑。

例如，在"心理经济学"中，"经济学"在最后，所以总的来说这是一门偏经济学的学问，而"经济心理学"则偏重心理学。同样，"心理生理学"属于生理学，"生理心理学"属于心理学。

虽然容易混淆，但记住"重点在后面"，就不会出错了。

为了尽可能地让大家领略广泛的心理学领域，本书将介绍多种不同领域的心理学研究。

"心理学也会研究这种问题？"有些数据可能会让你感到吃惊，但这样一来，你就能明白心理学是一门涉及诸多领域的学问。

当然，尽管我们会讨论很多不同的主题，但请大家放心，心理学研究建立在实验、观察或档案数据的基础上，因此我们能够直观地了解究竟进行了怎样的实验，以及得出了怎样的结论。

将知识融会贯通的自学测试

试着思考一下自己的工作、兴趣与心理学的关系。

问题

如果将心理学应用到自己的工作、学术领域,以及兴趣等方面,你会想到什么?

试着通过书籍和网络,查找有用的资料。

问题

_____

_____

_____

_____

答案见 P154

第 1 周

第 5 日

心理学
旨在让人幸福

通过科学的方法实现我们的愿望

心理学作为一门学问,其目标是让我们变得比以往更加幸福。

心理学是一门使用科学的方法探索如何实现我们愿望的学问。例如,对于以下这些愿望,利用现有的心理学知识(研究中获得的知识),就能获得相应的解决方法。

○想知道如何成为有钱人

○想和喜欢的人相恋

○希望自己的孩子长大后变得优秀

○想在公司中出人头地

○想进一步提高企业产品的销量

○想避免邻里纠纷

○想长寿

○想知道高效的学习方法

○想成为班级或者职场的人气王

○想更好地交流

○想将失落的情绪一扫而空

○想改变急躁的性格

○想知道如何减肥

学习心理学,能够让你实现更多的愿望。这是一门非常实用的学问,希望大家能够明白。

学习政治，就能成为优秀的政治家吗？答案是否定的。学习经济学，就能轻松地在股市赚到钱吗？答案依然是否定的。

但是，学习心理学，能够让你立刻开始实践。心理学的研究对象是与我们的日常生活息息相关的现象，其优点是可以立即开始实践。

笔者希望大家能够通过本书中的心理学知识，让自己变得更加幸福。

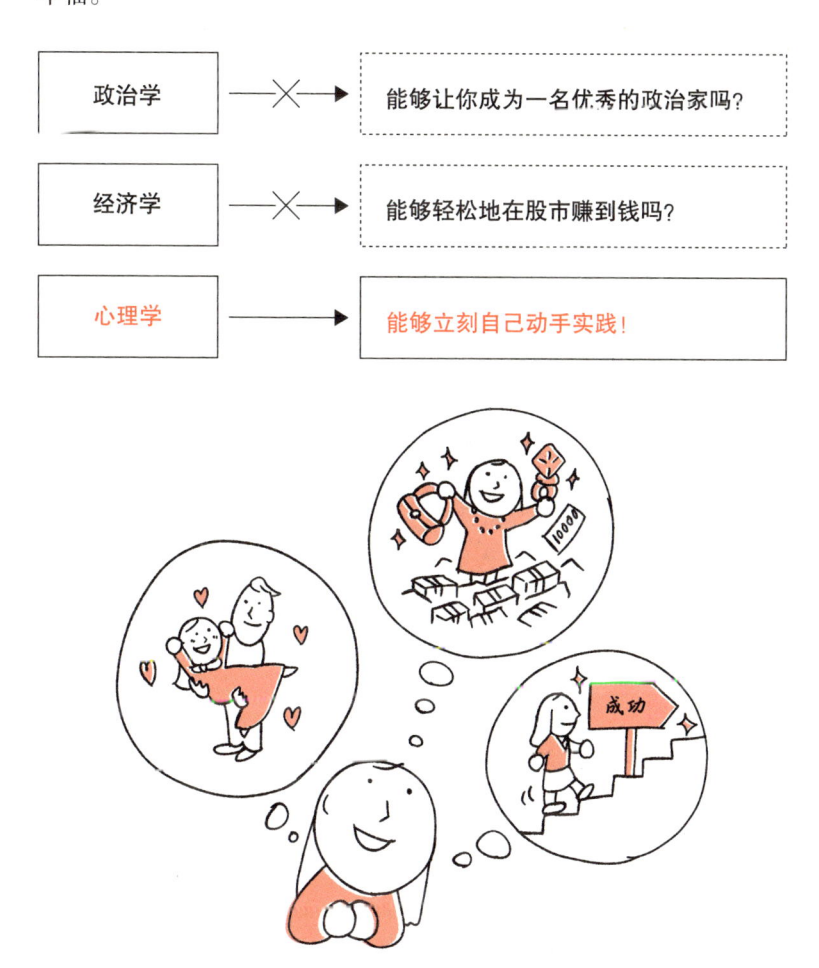

政治学	❌→	能够让你成为一名优秀的政治家吗？
经济学	❌→	能够轻松地在股市赚到钱吗？
心理学	→	能够立刻自己动手实践！

心理学能够通过科学的方法实现我们的愿望。

| 将 | 知 | 识 | 融 | 会 | 贯 | 通 | 的 | 自 | 学 | 测 | 试 |

试着思考如何将心理学运用到现实生活中。

| 问 | 题 |

想要"让失落的情绪一扫而空"的时候，首先应该考虑如何缓解压力？那么，大家是如何缓解压力的呢？

请试着提出假说，然后验证其是否正确。

| 问 | 题 |

_____

_____

_____

_____

答案见 P154

第 **2** 周

通过心理学
了解彼此

❦

第 ① 日
人心到底有多深

第 ② 日
如何提高干劲和注意力

第 ③ 日
心理学有哪些高效的学习法

第 ④ 日
如何建立良好的关系

第 ⑤ 日
做出正确的判断并非易事

❦

✣

从第二周开始，
笔者将要向大家介绍世界各地的最新研究成果，
让大家了解心理学的研究方法和思路。

本周，我们来看看心理学如何影响自己，
以及自己与身边人之间的关系。
善用心理学，
就能让自己充满干劲，
给人际关系带来积极的影响。

让我们一起来学习如何更好地了解自己和他人，
以及做出正确判断、构建良好关系的技巧吧。

✣

第 2 周

第 1 日

人心到底有多深

通过社交网络（SNS），能够看透一个人

通过一个人在脸书、博客、推特上的发言，分析出这是一个怎样的人，并不是一件难事。

无论你们是否曾经见过，是否熟悉彼此，你都能轻松地了解对方的性格和行为习惯。即使没有超能力，不是心理学家，也能轻松地做到这一点。

剑桥大学的迈克尔·科辛斯基曾试着使用58466名脸书用户的数据，验证从他们公布的个人资料中能够发现多少信息。

结果显示，仅凭个人资料，就能以95%的正确率看出一个人是非裔美国人还是欧裔美国人，以93%的正确率看出一个人是男性还是女

通过58466名脸书用户的数据进行验证

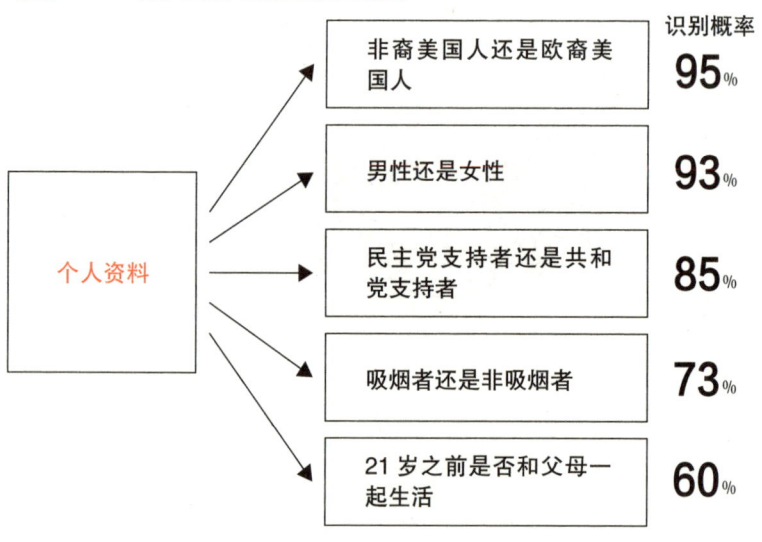

个人资料	→	识别概率
	非裔美国人还是欧裔美国人	95%
	男性还是女性	93%
	民主党支持者还是共和党支持者	85%
	吸烟者还是非吸烟者	73%
	21岁之前是否和父母一起生活	60%

性，以 85% 的正确率看出一个人的政治信仰（是民主党支持者还是共和党支持者），以 73% 的正确率看出一个人是否吸烟，以 60% 的正确率看出一个人 21 岁之前是否一直和父母一起生活。

此外，科辛斯基还邀请脸书用户们接受了心理测试，同时明确了仅通过个人资料，就能判断出对方是不是一个有智慧的人，一个有计划性的人，一个善于社交的人。

如果对方使用 SNS，那么只需稍做调查，基本就能看透对方。

如果有人公开了"周末和儿子练习投接球"的信息，就可以推测出这个人至少结过一次婚，有孩子，而且还是个男性。通过在室外玩耍，可以看出这个人不是室内派，而是户外派，看起来喜欢运动，是个好父亲。

在商务场合，对于初次见面的人（无论是客人还是客户），有必要事先了解对方是什么样的人。

过去，我们很难获得这些信息，但现在可以轻松地调查对方。如果事先知道对方养猫，那么即使初次见面，也可能因为猫的话题而一见如故，然后趁热打铁，顺利地开展工作。

对于如何了解一个人，SNS 是一个非常有用的工具，如果你想了解你在意的人，请务必学会运用 SNS。

通过 SNS 能够了解许多信息

刻板的印象不可靠

说起搞笑艺人，在大家的印象里，总是面带笑容、十分滑稽，富有服务精神且个性爽朗，例如明石家秋刀鱼。

然而，这只是一般人的偏见，实际情况可能并非如此。

如果有人觉得"搞笑艺人的性格都很开朗，很适合交往"，那么请告诉他，或许他应该冷静一下。

新墨西哥大学的吉尔·格林格罗斯对31名专业喜剧演员、9名业余喜剧演员、10名幽默作家和400名大学生进行了性格测试，并对测试结果进行了比较。于是，得到了以下数据：

	专业喜剧演员	业余喜剧演员	幽默作家	大学生
举止言谈的好坏	50.80	50.11	59.70	53.34
外向型性格	55.90	58.77	62.90	60.77

注：数值越高表示"举止言谈"越好，性格越"外向"。

是不是和你想的不太一样？专业和业余喜剧演员的举止言谈有些不尽人意，原本以为他们都是外向型性格（善于社交），结果却并非如此。

虽然他们的工作是带给人欢乐，但由此断定他们的待人接物，未免有些武断。实际情况可能和我们的想象不太一样，即使是出现在电视节目中，看起来很好相处的搞笑艺人，也终归只是表象，那只不过是工作上的表演。而在现实中，他们可能更喜欢一个人待在房间里，做自己喜欢的事。

我们常常通过职业刻板印象来判断一个人。

说起银行职员和公务员，大家的印象都是认真、古板。可事实上，很多人并非如此。搞笑艺人都喜欢喧闹的环境，这种想法不过是偏见罢了。事实上，很多搞笑艺人的待人接物都不尽人意。

职业刻板印象根本不可靠。想要了解一个人，只需亲密交往即可。交往一段时间后，自然就能很好地了解那个人，也应该能够明白"人的性格与职业毫不相干"。

大学教授　　喜剧演员　　银行员工

职业刻板印象不可靠

很多人害怕在公共场合说话

原本以为,对我们来说,没有什么比"死亡"更可怕的事了,但调查后才发现,有些事比死亡更加令人害怕。你觉得会是什么样的事呢?

大家可能会觉得"这算什么呀",但对很多人来说,"当众讲话"比死亡更加可怕。

内布拉斯加大学的凯伦·德怀尔向815名调查对象展示了许多恐惧清单,询问他们是否感到害怕。然后,制作了排行榜,列出了令多数人恐惧的对象。于是,就有了下面的结果。

排名	令人恐惧的事物	人数比例
第1名	当众讲话	61.7%
第2名	金钱问题	54.8%
第3名	死亡	43.2%
第4名	孤独	38.3%
第5名	高处	37.7%
第6名	虫子	33.4%
第7名	深水中	27.2%
第8名	昏暗的环境	21.1%
第9名	疾病	18.9%
第10名	飞行	8.3%

排在第一位的是"当众讲话"。不在乎当众讲话的人可能会感到

震惊，但这确实是令很多人感到恐惧。另外，还有一样比死亡更令人害怕的东西，那就是"金钱"。确实，如果没有钱，很多人更愿意选择死亡。

笔者个人觉得，欧美人和日本人不同，完全不会在意当众讲话。如果调查对象是害羞的日本人，那么这个结果倒也正常，但欧美人竟然和日本人一样，不喜欢当众讲话……甚至还觉得当众讲话比死亡更加恐怖。

那么，如何才能克服"当众讲话"的恐惧呢？很遗憾，没有特效药。笔者觉得，唯一的有效方法就是多历练，让自己慢慢适应。

对于其他动物来说，可能没有什么比性命更加重要，但人类与其他动物不同，居然因为这种奇怪的事而感到恐惧。

害怕当众讲话的人非常多

为什么政治家多为长子、长女

试着调查一下政治家，就会发现他们大多是家中的长子、长女。这真是不可思议，为什么都是长子、长女呢？

很多政治家的名字里都有"太郎"二字，例如，麻生太郎、河野太郎，而"太郎"经常被用作长子的名字，因此有这么多政治家是长子或长女也就不奇怪了。

那么，为什么政治家多为长子、长女呢？

荷兰莱顿大学的鲁迪·安德韦格表示，这与父母的管教有关。

大多数父母都对长子和长女抱有很大的期望，并严加管教。这样做是为了让他们长大后更加坚强，因此长子和长女的责任心更强，更容易成为坚强的人。

按照孩子的出生顺序来讲，对于次子、三子、四子的教育，父母也会感到疲惫，然后逐渐松懈。因此，次子、三子能够自由地成长，性格也容易变得马马虎虎。

另外，长子和长女在兄弟姐妹中地位最高，也最容易成为家庭的领导者。**长子和长女在与兄弟姐妹相处的过程中，自然而然地培养出领导能力。**安德韦格指出，正是由于这些原因，长子和长女才能逐渐拥有成为政治家的人格。

安得韦格调查了荷兰的地方议员和国会议员，其中大多是家中的长子、长女，排行中间的孩子非常少。

如果政治家不够坚强，就无法保护国民。遇事半途而废、轻言放弃的人，会让人们感到困扰。但如果政治家大都是长子、长女，则可以让人安心，因为大多数长子、长女会照顾人，好打抱不平，且性格坚强。

顺便给大家介绍一项有趣的研究。

美国罗得岛大学的罗杰·克拉克研究了197位诺贝尔奖得主的出生顺序，发现物理学奖、化学奖、经济学奖和医学奖的获得者多为长子和长女，而文学奖与和平奖的获得者则多为幼子。

性格坚强的长子和长女在做研究的时候也不会轻易放弃，只有孜孜不倦地致力于某一项研究，才有可能获得诺贝尔奖。

而幼子的成长更加自由，成年后也能够更自由地思考，或许这就是他们获得文学奖和和平奖的原因吧。

诺贝尔奖得主出生顺序（197名）

多为长子、长女

| 物理学　化学 |
| 经济学　医学 |

富有责任感，勤勤恳恳地做研究

多为幼子

| 文学　和平 |

在宽松的教育模式下成长，因此能够自由地思考

长子　　次子

幼子

幼子不惧风险

众所周知，长子和长女比较保守，不喜欢冒险，而幼子的性格却更像是冒险家。

加利福尼亚大学伯克利分校的弗兰克·萨洛维的研究表明，幼子更喜欢高风险的运动，且风险系数是第一个孩子（长子、长女）的1.48倍。幼子喜欢激烈的交锋，比如英式橄榄球、美式橄榄球等，而长子和长女则倾向于选择游泳、高尔夫等相对安全的运动。

萨洛维还分析了美国职业棒球大联盟球员的700名兄弟成员，发现弟弟尝试盗垒的次数是哥哥的10.6倍。高了整整10倍。

哥哥几乎不会鲁莽地进行盗垒，他们认为如果因盗垒失败而出局，那就损失大了，因此不想冒这样的风险。

在这一点上，弟弟们的表现则不同，他们面对风险时毫不犹豫。只要自己还能跑，就会积极地争取机会，不惧挑战。这种方式能够成功吗？萨洛维的研究表明，弟弟盗垒的成功率比哥哥多3.2倍。

针对美国职业棒球大联盟球员的700名兄弟成员的分析

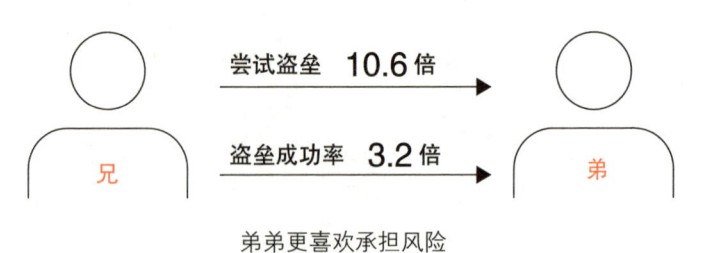

兄 —— 尝试盗垒 10.6倍 → 弟
兄 —— 盗垒成功率 3.2倍 → 弟

弟弟更喜欢承担风险

选择承担风险？还是选择规避风险？这个问题需要视情况而定。笔者并非想要证明哪一方更好，只是陈述"存在这样的事实"罢了。

如果你知道了年幼的孩子"容易成为冒险者"这一事实，也许就能接受："原来如此，难怪我从小就喜欢做危险的事。"笔者曾经就是如此。

笔者有姐姐，所以也属于冒险者。身为长女的姐姐在过河前会不停地敲打石桥，即便如此，为了规避风险，她仍会选择不过桥。而笔者作为弟弟，则是那种不顾一切地往前冲，然后经常受伤的类型。这与萨洛维研究完全一致，一想到这里，就不禁觉得好笑。

兄弟的出生顺序不是我们能够决定的，所以只能默默接受，但应该有适合长子或幼子的工作和事业，试着去寻找适合自己的职业，就能让人生更加轻松，从事不适合自己的工作只会徒增痛苦。

将 知 识 融 会 贯 通 的 自 学 测 试

加深对人的性格和心理学的理解。

问 题

有一种方法可以根据血型和星座来进行性格分类,但没有科学依据。为什么这么说?请根据心理学的现象来解释。

问 题

答案见 P155

第 2 周

第 **2** 日

如何提高
干劲和注意力

想让自己情绪高涨,就看最喜欢的人的图像

如果你情绪低落,无论做什么都觉得没意思,那就找一张自己最喜欢的偶像或者是帅气演员的图片来看吧,这样做能够让你情绪高涨。

需要注意的是,要选择一张正面朝上,看向你的图片,不能选择侧面或面向下方的图片,否则不起作用。

当我们感觉自己在和一个有魅力的人互相凝视时,即使是图像,也会变得情绪高涨。

早上醒来,无论如何都打不起精神,或者疲于工作,想再加把劲的时候,这种方法都很有效。和自己喜欢的人对视(即使只是图片),能够给你带来动力。

"骗人的吧!"你可能会这么想,但这是千真万确的。

伦敦大学的纳特·坎普准备了40张充满魅力的人的照片,研究人们盯着这些照片时的大脑的活动。

这些照片中的人物有正面的,也有侧面的。

一想到和有魅力的人对视,我们大脑中被称为腹侧纹状体的区域就会被激活,这一区域是分泌名为多巴胺的快乐物质的相关区域。

即使是有魅力的人,其侧身照也不能让我们情绪高涨。一想到被冷落,我们就感觉不到快乐。

为什么只看到图像,大脑中掌管快乐和兴奋的区域就会被激活?这是因为我们的大脑无法很好地区分现实和非现实。即使面对照片,

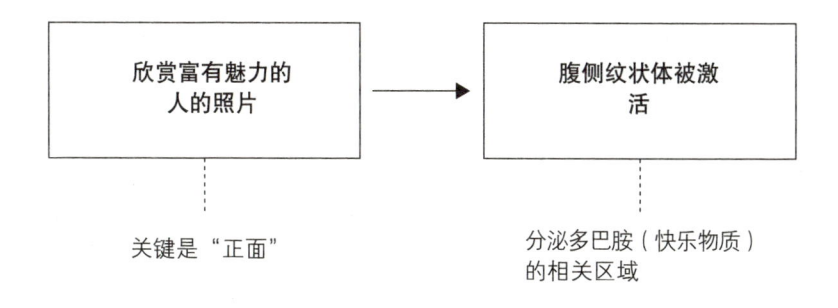

```
┌─────────────────┐          ┌─────────────────┐
│  欣赏富有魅力的  │   ───▶   │  腹侧纹状体被激  │
│     人的照片     │          │       活        │
└─────────────────┘          └─────────────────┘
         ┆                            ┆
    关键是"正面"              分泌多巴胺（快乐物质）
                              的相关区域
```

我们的大脑也会做出反应，就好像现实中，本人就在眼前。

顺带一提，有时甚至不需要照片。

例如，在脑海里空想，最喜欢的人正在看着自己（妄想？）。即使如此，我们的大脑也会变得兴奋。这是为什么呢？因为我们的大脑无法很好地区分现实和幻想。

在桌子旁边挂上最喜欢的人的照片，或者在墙上粘贴海报。或许看到这些图片，就能让我们在工作时情绪高涨。话虽如此，但如果注意力都在图片上，就无法集中精力做最重要的工作。

看到最喜欢的人的照片
就会变得情绪高涨

心情烦躁时，可以试着躺下

我们不能同时拥有两种感情。

我们不能同时感受到愤怒和幸福，也不能同时感受到悲伤和喜悦。每个人都只能同时拥有一种感情，这一点是绝对的。

也就是说，当你越来越烦躁时，只要做一些放松心情的事情，就能抚平情绪。毕竟，人类无法同时拥有两种感情。

总之，在焦躁的时候试着放松自己，就能消除焦躁的情绪。

德国波茨坦大学的芭芭拉·克拉耶提出了一个假设，大致内容如下：在焦躁的时候立刻放松，这样一来，焦躁感会不会立刻消失？

于是，克拉耶立刻召集了79名参与者进行实验。

实验的内容十分简单。首先，克拉耶通过一些挑衅性的话语，试图激怒参与者。对于参与者来说，这可能是一件不愉快的事情，但为了科学的进步，他们只能忍耐。

接着，克拉耶将参与者分成两组：其中一组参与者端端正正地坐在椅子上，而另一组则舒服地坐在躺椅上。

结果显示，在躺椅上保持放松，能够增强参与者的放松感，减少焦躁情绪。由此可以看出，**放松有消除烦躁感的效果。**

读者们在日常生活中，如果感到焦躁不安、压力过大，也请试着立刻放松心情。

找一个没有人的地方，解开领带放松心情。如果在室外，则可以在公园的长椅上躺一会儿。这样一个放松的姿势，能够立刻消除焦躁的情绪。

如前所述,我们不能同时拥有两种感情,所以当内心充满消极情绪时,可以用积极的情绪将其消除。

只要吃到甜甜的食物,就能立刻获得幸福感,所以尝一口巧克力也是不错的选择。

焦躁情绪高涨时,可以尝试放松身体

放松能够抚平焦躁的情绪

在《蜡笔小新》这部动画片中，有一个叫妮妮的女孩。

每当妮妮遇见不顺心的事，就躲在自己的房间里，一边叫嚷着"不要再逞强了，快认输吧！"，一边用兔子毛绒玩具发泄情绪。

据说，市场上可以买到这种兔子毛绒玩具。那些想要效仿妮妮，通过殴打兔子来发泄情绪的人或许会购买吧。

然而很遗憾的是，从心理学的角度来说，妮妮的这种做法只会起到相反的作用，请读者们不要模仿。

其实，过去的一段时间里，心理学认为，妮妮所做的事情"能够起到一定的效果"。

当攻击情绪高涨时，为了不伤到手，可以殴打柔软的布娃娃和被子，这种做法能够让人心情舒畅。

心理疗法中有一种以小孩子为对象的游戏疗法（Play therapy）。在治疗过程中，孩子们会在游戏室里宣泄情绪，肆意攻击，人们普遍认为这种方法能够净化心灵，心理学家们将其称为"Katharsis（净化）"。

然而，美国新泽西州菲尔莱狄更斯大学的查尔斯·沙弗调查了大量的研究案例，结果发现在游戏室宣泄攻击情绪的孩子，在游戏室外也具有很强的攻击性。在游戏室里学会打毛绒玩具的孩子，在游戏室以外的地方，也开始对其他孩子施暴。

游戏疗法的治疗效果如何？

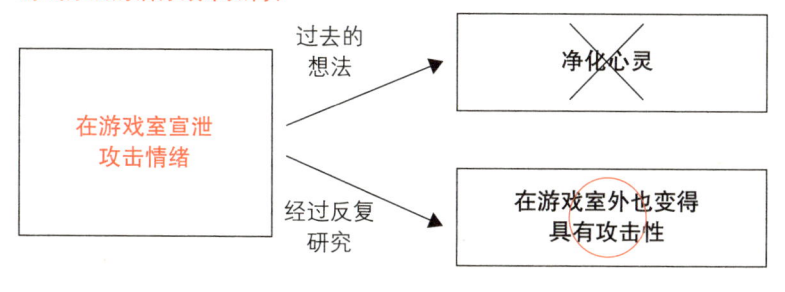

在游戏室宣泄攻击情绪 —— 过去的想法 → 净化心灵（✗）

在游戏室宣泄攻击情绪 —— 经过反复研究 → 在游戏室外也变得具有攻击性

如果遇见不顺心的事，就去打毛绒玩具，不但不会让你心情舒畅，反而还会让你更加烦躁。

你肯定要问："那么，烦恼的时候该如何是好？"

这种时候，最好什么都不做，静静地等待 2 分钟，这种方法能够有效减轻烦躁情绪。

爱荷华州立大学的布拉德·布须曼做了一个实验，他让焦躁情绪高涨的人打沙袋。结果显示，这样做完全无法消除焦躁情绪。想要消除焦躁情绪，静静地等待 2 分钟会更加有效。

或许你觉得烦躁的时候暴力宣泄更加痛快，但请记住，实际上并非如此。至少在现代心理学中，妮妮的做法是错误的。

你这个混蛋！

情绪焦躁的时候，安静的放松比暴力宣泄更加有效

每逢周末，多数人都会情绪高涨

心理学中有很多有趣的术语，"周末效应"就是其中之一。

"Weekend"是中学水平的英文单词，大家都知道它的意思是"周末"。"周末效应"是指一到周末，大多数人都会情绪高涨。

笔者相信一定有读者嘟着嘴说："每逢周末就心情激动，这不是很正常吗？"一到周末就心情愉快，这是我们每个人亲身体验过的。

那么，你知道为什么每逢周末，情绪就会高涨吗？

这种情绪变化不能单纯地归结为"因为没有工作"。

根据美国罗切斯特大学的理查德·莱昂的研究，周末效应与自主性有关。

所谓自主性，是指能否按照自己的意愿行事。假如一对夫妇，能够随心所欲地外出，自己决定旅行的目的地，吃自己喜欢的东西，那么他们就属于"拥有自主性"的人。

根据莱昂的分析，平日里情绪不高，是由于自主性被剥夺。大多数人都必须看着上司、顾客的眼色行事，因此"不能按照自己的意愿行动"。也就是说，处于一种自主性被剥夺的状态。在这种状态下，焦躁不安的情绪会一直持续。

然而到了周末，即使睡到自然醒，也没有人抱怨，你完全可以在喜欢的时间去喜欢的地方，做自己喜欢的事情。正是因为完全由自己做主，所以不会有被人控制的感觉。这样一来，就恢复了自主性，人的心情也会变好。另外，周末不仅可以使人情绪高涨，还能让我们的身体状况变得更好，因为情绪高涨时，免疫力也会提高。

顺带一提，周末效应在有些人身上并不明显。

都是哪些人呢？例如，平日里能够按照自己的意愿行动，能够掌控周围的人，即企业的经营者、高薪自由职业者。这类人在平日里不会被剥夺自主性，所以周末效应对他们不起作用。正因为平日里也能让自己的心情保持高昂的状态，所以周末不会有太大的变化。这类人真让人羡慕。

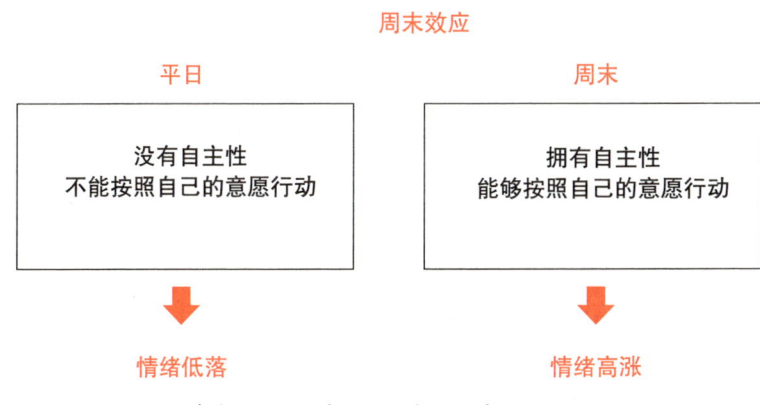

周末效应

平日	周末
没有自主性 不能按照自己的意愿行动	拥有自主性 能够按照自己的意愿行动
↓	↓
情绪低落	情绪高涨

注：对于平日里拥有自主性的人来说，周末效应并不明显。

不要在人生的转折点上意气用事

男性在 25 岁和 42 岁那两年，女性在 19 岁和 33 岁那两年，被认为是"厄年"。其中，男性 42 岁和女性 33 岁被称为"大厄"，考虑到前后 1 年又有前厄和后厄之分，因此男性的危险年龄是 25 岁、41 岁到 43 岁，女性是 19 岁、32 岁到 34 岁。

先不说这些古老传言的正确性，心理学上也认为"有些年龄具有危险性"，而这些年龄就是"逢 9 的年龄"。

也就是说，19 岁、29 岁、39 岁、49 岁、59 岁、69 岁。这些数字并不难记住，所以请到了这些年龄的人一定要注意。

提出这一观点的正是纽约大学的亚当·奥尔特。

奥尔特指出，当我们进入下一个十年，就会想要做出一些新的尝试。企图利用这样的机会，重生成为新的自己。

当然，敢于挑战新鲜事物的做法非常棒，但是需要注意，你很可能会不顾年龄去做一些疯狂的运动，或者突然想要辞职，想要出轨，甚至做一些会给家人带来麻烦的事情。

"我的能力不止如此。"

"现在的我，并不是真正的我。"

"我应该还有更多选择。"

笔者试着回顾了自己的人生。笔者在 19 岁、29 岁、39 岁的时候，心情开始动摇，情绪变得焦虑不安，并想要做出新的尝试。话虽如此，但以笔者为例，这些年来，笔者的兴趣确实增加了不少。

人生中有各种各样的转折点，**当我们面对这些转折时，有很大概率做出奇怪的举动。**

例如，在新年的第一天决定"今年要完成这些目标！"，这样的时间点，或许让我们更加想要尝试新鲜事物。

过生日的时候也是如此。恰逢年龄增长，我们就容易变得情绪高涨："接下来的一年我想做这些事情。"

笔者不反对挑战，但千万不要给周围的人制造麻烦。即使是出于自己的意愿，也不要这样做。

将 知 识 融 会 贯 通 的 自 学 测 试

试着想象具体的场景,加深对干劲的理解。

问 题

你在什么情况下充满干劲?

请试着回忆具体的场景,并从心理学的角度分析自己为什么充满干劲。

问 题

答案见 P155

第 2 周

第 3 日

心理学有哪些高效的学习法

并非勤加练习就能提高技能

当你试图提高运动技能，或乐器演奏水平时，"总之，多加练习就行了"的想法是错误的。

笔者觉得，总会有一些教练和老师抱着"只要长期练习就行了"的老旧思想，这种方法很难让你进步。

得克萨斯大学的罗伯特·杜克让17名钢琴系的学生练习肖斯塔科维奇的《第一钢琴协奏曲》，直到他们觉得自己能够完美演奏为止。然后，在第二天进行测试。

结果显示，练习时间的长短与能否正确演奏完全没有关系。

长期练习就能进步吗？其实不然。

杜克将学生们的练习过程录了下来。他发现在第二天考试中正确弹奏的学生，能够正确判断自己失误的部分，然后进行针对性练习。

而那些始终练习整首曲子的学生，虽然练习的时间更长，但无法正确弹奏。

另外，对于自己不擅长的部分，能够正确弹奏的学生在练习时可以试着变换节奏，或者加入一些变化。

由此可见，多加练习就能提高技术的说法并不准确。正确的方法是在自己的头脑中**仔细分析自己的劣势和长处，并集中进行改善**。

大多数人都按照先跑步，然后投接球，最后再练习击球的顺序练习棒球，但这种方法只会浪费时间，并不能有效提高技能水平。

然而，如果知道"自己处理不好地滚球"，那么集中进行接球练习，就能更加熟练。

当然，笔者并不否认长期练习的成果。

不管哪种练习方法，都好过不练习，花费大量时间练习，也会有所提高。但是，这种方法的效率非常低。

我们可以利用的时间是有限的。如果时间非常充裕则另当别论，但是大多数人不会为了一项技能浪费大量时间。

因此，无论学习什么，最理想的方法是将精力集中在自己无法完成，或不擅长的部分。

手写有助于记忆

据说，现在有些大学生听课时不用笔记本做笔记，而是用笔记本电脑做笔记。这种事在笔者的学生中并不多见。

说起来，大约20年前，笔者接受杂志采访的时候，大多数记者都使用笔记本做记录，而现在使用笔记本电脑做记录的人越来越多。

的确，用笔记本电脑做记录，便于后期编辑，但是从心理学的角度来说，不推荐使用这种方法。

我们做笔记的目的应该是"将笔记的内容牢牢记住"，因此，手写做笔记的方法更好，因为手写记录能够使记忆更加牢固，让你牢牢记住。

法国保罗·萨巴蒂耶大学的玛丽克·珑骧曾做过一个实验，她让参与者们学习10个从未见过的文字，每周1小时，历时3周。

她将参与者分成两组，让其中一组手写记录，每个字写20遍，另一组则一边用打字机录入文字，一边进行记忆。

然后，在每次学习之后、1周后、3周后，以及5周后进行记忆测试。结果发现，通过手写记忆的参与者的成绩远高于用打字机输入的参与者。

想要牢牢记住什么，只需动手即可。手写记录，可以让你轻松记住平时难以记住的事情。

那么，为什么手写记录能够使记忆更加牢固呢？

珑骧试着使用功能性磁共振成像（fMRI）检查大脑活动，结果发现，当我们用手书写时，能够激活语言中枢和下顶小叶等区域，而这些区域都与记忆活动有关。

用手书写，能够让我们的大脑活性化。这样做对记忆很有帮助。

如此说来，人们普遍认为"经常动手，不易患上老年痴呆症"，考虑到我们的手和脑紧密结合在一起，所以这种说法是正确的。

因方便而使用笔记本电脑的人，偶尔准备笔记本和笔，亲自动手书写也是不错的选择。这样做能够活跃大脑，促进记忆，或许还能带来新的想法和主意。

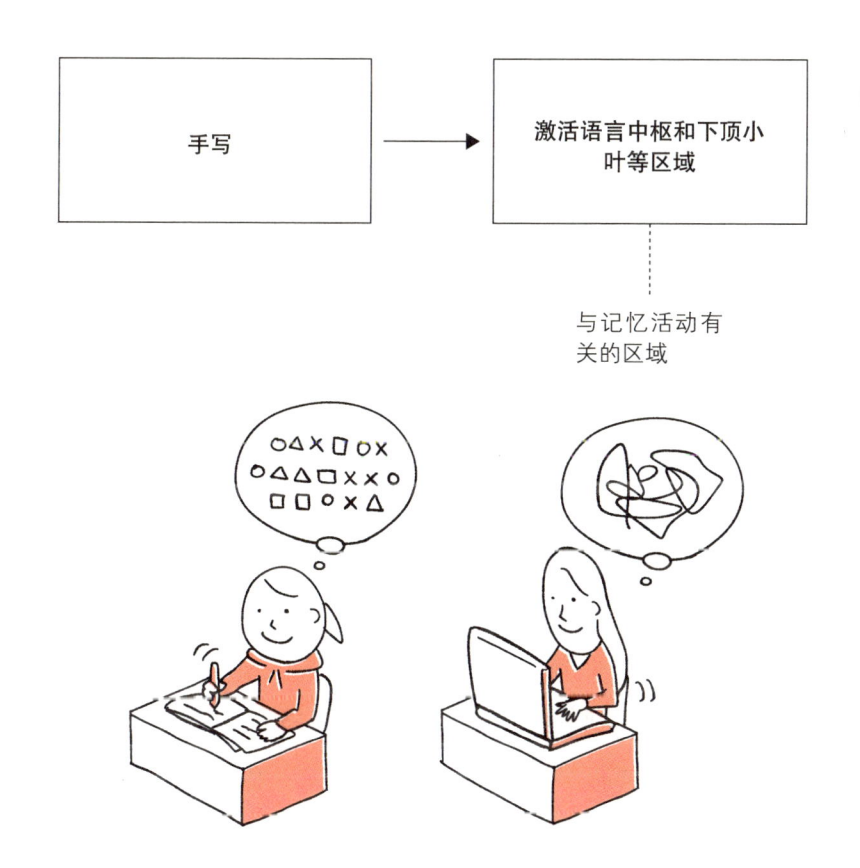

手写 → 激活语言中枢和下顶小叶等区域

与记忆活动有关的区域

试着不加分类，解决所有问题

说起数学的问题集，大多是先介绍一个例题，然后再列出三四个与例题相似的问题。接着，又介绍了新的例题，再列出几个相似的问题。

像这样，集中解决相似的课题的学习法被称为"**模块学习**"。所谓"模块"，就是"一整块"的意思。模块学习法就是集中解决相似的问题，然后再转移到其他模块。

相反，还有一种将各种问题混在一起解决的学习法，叫作"**混合学习**"，也就是将不同的问题集中在一起解决的方法。简单来说，就像下面这样：

模块学习 aaabbbcccddd

混合学习 dacbbadcdacb

那么，这里产生了一个疑问。

模块学习和混合学习，哪种方法的学习效率更高呢？

根据南佛罗里达大学的凯利·泰勒的测试，混合学习能够更加有效地促进学习。泰勒试着让24名小学4年级学生（男女各12名）分别使用模块学习法和混合学习法学习算术题。

第二天，泰勒对前一天的学习内容进行了测试，结果显示，使用模块学习法的小组正确率为38%，而使用混合学习法的小组正确率为

模块学习　　　　混合学习

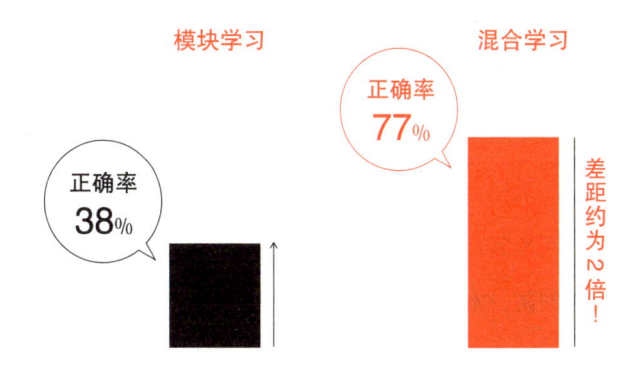

正确率 **77**%

正确率 **38**%

差距约为 2 倍！

77%，相差约 2 倍。显然，混合学习法的效率更高。

在模块学习法中，学生们不断重复解答相似的问题，正因如此，他们不需要过多考虑，只是习惯性地进行解答。不需要思考，"只是一味地套用公式"就能解决问题，这样做无法加深理解。

如果多种问题混合在一起，就必须逐一判断："咦，这个问题，应用哪个公式比较好呢？"开动脑筋，不仅能够记住知识点，还能加深理解。

对于为了取得某种资格而被迫学习的人，混合学习法比模块学习法更加有效，因为混合学习法可以让你用更少的精力，更加高效地吸收知识。

首先，要树立自信

伊利诺伊大学的朱莉·韦特拉夫让80名女大学生参加为期6周，每周2小时的防身术项目，目的在于保护自己不受侵犯。这一项目包含了从语言抵抗（大声叫喊等）到身体抵抗（合气道和空手道）等多种训练。

参加这一项目，通过"实现自我保护"**建立自信后，就能在其他方面树立自信。**

我们的自信，拥有从某一方面向其他方面扩张的特质。

女学生们学会了防身术，通过自我保护建立自信后，就能在学业等其他方面建立自信。半年后，韦特拉夫进行了跟踪调查，结果显示，学生们仍然信心高涨。由此可以证明，学生们的自信并不是暂时性的。

有另一项研究表明，擅长运动的人即使学业不佳，也不会失去自信。例如，只要认为"虽然学习成绩不好，但我在篮球比赛中不输给任何人"，就不会轻易动摇。

没有自信的人，无论如何都要先树立自信。

这样一来，这种自信就会不断扩大到其他方面。

也许有人觉得"不，我没有一件值得骄傲的事"，这种自卑心理是不可取的。我们每个人都有很多优点，只要你肯用心去发现。

有这样一个故事：一个男人想成为一名画家，他在年少时擅长木雕，可以自己制作画框。

然而，当他得知人们购买他的画，只是为了取得画框时，他感到十分沮丧。如果这位男性能够转变思维："对啊，我拥有木雕的才能。"那么他就能成为一名杰出的雕刻家。

这个小故事出自 S. 杜瓦尔的《人际关系的秘密》一书，只要你愿意去寻找，你就能发现自己的长处。

如果你实在没有自信，可以尝试锻炼肌肉。肌肉可以越练越强，应该能够帮助你树立信心。在工作成绩和学习方面，无论怎么努力都会遇到不顺心的时候，但是锻炼肌肉这件事，只要努力去做，就会取得成果，所以人们普遍认为锻炼能够帮助我们树立自信。

尝试进行容易获得回报的事情，树立自信

将 知 识 融 会 贯 通 的 自 学 测 试

我们来复习一下不同的学习方法和效率的关系。

问 题

以下哪种学习法的效率更高？请说明理由。

❶ A. 手写学习
　　B. 电脑键盘学习

❷ A. 连续解答相似的问题
　　B. 解答混合类型的问题

问 题

❶ 〔　　　〕
　　理由：_____

❷ 〔　　　〕
　　理由：_____

答案见 P155

第 2 周

第 4 日

如何建立良好的关系

危险的人，一看便知

我们的心理为了帮助人类延续生命，已经得到了进化。在漫长的岁月里，一种辅助生存的功能被我们传承了下来，而研究这一领域的学问被称为进化心理学。

例如，当遇见一个陌生人，我们就会无意间在心里想："这个人会不会伤害自己？""他是不是一个危险人物？"

遇到危险的人，如果不尽快离开现场，就有可能危及性命。因此，我们的大脑已经进化出能够瞬间察觉陌生人是否危险，是否值得信任的能力。

伦敦大学的 J.S. 温斯顿准备了 120 张面部照片，以及两个问题："你觉得这个人年龄多大？""你觉得他是一个值得信任的人吗？"

然后，他用一种名为 fMRI（功能性磁共振成像）的特殊机器来研究参与者回答问题时的大脑活动。fMRI 是最先进的磁共振脑功能成像设备，心理学家也会使用这种设备。

结果发现，虽然是问他们的年龄，但当参与者们看到不可信任的人的面貌时，他们的两侧扁桃体、纺锤体、脑皮质等区域就会被激活，这些区域是与恐惧等情绪反应有关的区域。

当我们看到不可信的人，大脑就会让人产生恐惧感。 大脑会发出"你最好快点离开这个人"的信号。

在大街上看到醉醺醺的人，或者面相可怕的人朝我们走来，我们就会在无意间感受到大脑发出的危险信号，然后快速远离，每个人都是如此。

对人类来说，越早察觉到危险就越容易存活，无法察觉危险的人，就会成为猛兽的食物。因此，人类为了感知危险，进化出了非常敏锐的神经。

顺便一提，从进化心理学的角度来说，被称为"××恐惧症"的现象对人类的生存很有帮助。

例如，"恐高症"是因为站在高处，会有跌落致死的可能性，所以大脑发出信号，提醒我们尽快离开。"幽闭恐惧症"是因为"处于狭小的空间里，如果遭遇猛兽则无处逃避"，所以大脑发出信号，提醒我们要尽快逃离。而"蛇恐惧症"和"蜘蛛恐惧症"等是因为蛇和蜘蛛可能有毒，大脑察觉到危险就会发出逃跑的指令。

从现代人的感觉来看，有时候我们会被不需要害怕的东西吓到，而这正是帮助人类生存的大脑功能传承在我们身上的表现。

当我们看到危险人物，大脑就会发出信号

受欢迎女性的腰围和臀围黄金比例

心理学家只要看到女性的体型,就能大致预测出"这个人是否受到男性的喜爱"。不是看相貌的好坏,而是通过体型来判断。

那么,心理学家是如何做到的呢?这是由于受男性喜爱的腰围和臀围的比例已然明确。

腰围(Waist)和臀围(Hip)的比率(Ratio)的首字母组成的英文缩写是"WHR"。大量研究数据表明,这一比率达到0.7的女性更受男性的喜爱。

只列出0.7这一比例,大家或许看不明白。说得更简单一些,臀围100 cm,腰围70 cm的女性更受欢迎。

$$70 \div 100 = 0.7$$

计算过程如上。顺带一提,只要构成这一比例,腰围和臀围的数据其实并不重要,即使体型丰满,比例达到0.7的女性也很受男性喜爱。

匹兹堡大学的西比尔·斯特里特用穿着合身,能够显露身材的女性照片做了一项实验。他使用修图软件修改了同一位女性的身材比例,将腰围变细或者变粗,把WHR修改为0.5、0.6、0.7,甚至1.2,然后评选出最有魅力的版本。结果发现，身材比例达到 0.7 的女性最受欢迎。另外，说到性感女星，你可能首先会想到玛丽莲·梦露，据说她的 WHR 是 0.67。

那么，为什么是 0.7 这一比例呢？

理由是腰围和臀围的比例维持在 0.7 左右的女性最健康，也最容易怀孕。

如果要问男性会被什么样的女性吸引，那一定是能够给自己留下子孙的女性。因此，**男性会在无意识中选择能够为自己生下健康孩子的女性。**

的确，从现代的审美和价值观来看，也许苗条的女性更令人满意，但纵观历史，人类一直以来都被粮食短缺所困扰。因此，能否生下健康的孩子延续子嗣，绝对是一个重大的问题。

因此，我们可以初步认为男性的大脑经过进化，会被 WHR 为 0.7 的女性所吸引。自古以来，日本人就喜欢腰身丰满的女性，虽然笔者没有做过调查，但日本各地发现的土偶的 WHR 大多都维持在 0.7 左右。

那么，什么体型的男性最受女性喜爱？

受男性喜爱的女性体型，就是上文中提到的 WHR 约为 0.7 的黄金比例。

接着，我们反过来想一想。既然存在受男性喜爱的女性体型的黄金比例，那么有没有受女性喜爱的男性体型呢？

从结论来看，其实是有的。

但是，审核男性体型指标时不使用臀部，取而代之的是胸围（C）、腰围（W）和胸围（C）的比例，就是 WCR 指标。

英国纽卡斯尔大学的 D.S. 梅西从 214 名男性中挑选了 50 名 WCR 稍有不同的男性，然后拍下他们的照片，拿给 30 名女性观看，让她们选出最具魅力的男性。

结果有些不可思议，因为最受欢迎的比例依然是 0.7。受男性欢迎的 WHR 是 0.7，受女性欢迎的 WCR 也是 0.7，两组数据竟出奇地一致。

另外，梅西的实验表明，随着 WCR 增长到 0.75、0.80、0.85、0.90，男性的魅力明显下降。

受女性欢迎的男性 WCR 是 0.7，也就是说当腰围是 70 cm，胸围是 100 cm，这种倒三角形的体型很受欢迎。

为什么 WCR 是 0.7 的男性更受女性喜爱呢？可能大家都觉得这种体型的男性最健康，经济更加富裕。**女性很容易被能够照顾自己和养**

育孩子的男性所吸引，而 WCR 是 0.7 的男性通常是这样。

大部分男性到了中年，由于运动不足，肚子越来越大。但是，这种体型最不受女性欢迎。如果想要吸引女性，就要经常运动，尤其是针对胸部肌肉多加锻炼。

当然，如果你"一点都不在意自己是否受到女性的喜爱"，则没有必要锻炼肌肉，但如果你想获得女性的青睐，就以 WCR 达到 0.7 为目标努力锻炼吧。

男性和女性受欢迎的体型汇总如下

受到男性喜爱的女性体型

W　　H　　R　=　0.7
腰围　臀围　比例
(Waist)(Hip)(Ratio)

⬇

腰围：臀围 = 7：10

受到女性喜爱的男性体型

W　　C　　R　=　0.7
腰围　胸围　比例
(Waist)(Chest)(Ratio)

⬇

腰围：胸围 = 7：10

W：C = 7：10

无差别枪击事件的导火索是琐碎的人际关系破裂

美国威克森林大学的马克·雷亚利曾对1995年至2001年，美国发生的15起学校枪击事件进行了分析。

凶手为什么要进行无差别枪击？

这类事件的起因究竟是什么呢？

经过调查，雷亚利发现这类事件的起因竟是琐碎的人际关系。

凶手制造枪击事件的理由是被欺凌、排挤或被恋人冷落。事实上，雷亚莉发现，在15起枪击事件中，有13起是**因为凶手在"人际关系中遭到了某种拒绝"**。

"哎，为什么要这么做？"

"只因为被冷落，就制造了枪击案？"

或许读者们会有这样的疑问，但调查结果显示确实如此。

骇人听闻的枪击事件，其背后的原因竟是在琐碎的人际关系中遭到了拒绝。

施加欺凌的一方大概没有意识到问题的严重性。因此，他们觉得"没什么大不了的"。

但从被欺凌方的角度来看，被排挤真的让人痛彻心扉。那种痛苦，或许只有受到过欺凌的人才会明白。

所以，这并不是"琐碎的小事"，或许应该称之为"重大事由"。

被忽视、被拒绝，会给本人带来难以承受的心理伤害，这一点请大家铭记。

同样，伤害对方自尊心的言论，也是绝对不可取的。

虽然施予者觉得这只是"微不足道的小事"，但对方并不能轻描淡写地接受。

很久之前发生过这样的事情，印度尼西亚的日方派遣人员被当地人组成的团伙暗中袭击。

然而，当犯罪嫌疑人被抓到后才发现，他们竟是日方人员的部下和他的朋友们。部下因上司当众训斥自己，所以伺机报复。印度尼西亚人自尊心很高，最讨厌当众丢脸，而日方人员似乎没有考虑到这一点。

即使是轻微的讽刺，或者无伤大雅的玩笑，也有可能伤害对方。请大家一定要注意，因为我们不知道对方会如何反击。

自己理解的事物对方不一定能够理解

有时,我们深信自己的所知所感,其他人应该也能明白。

但这是一个很大的误会。

我们无法理解他人的思想和感受。

当对方无法理解自己时,我们就会责备:"你为什么不能理解我!"这种做法并不好,因为不被理解是理所当然的,不能对此抱有期待。

斯坦福大学的伊丽莎白·牛顿做了一项实验,她挑选了以下六首节奏非常简单的曲子:

《生日快乐歌》

《玛丽有只小绵羊》

《铃儿响叮当》

《围着时钟摇摆吧》

《一闪一闪亮晶晶》

《星条旗永不落》

然后用手打出曲子的节拍,让参与者试着说出曲名。

实验开始前,她觉得"参与者猜中的概率为50%"。然而,实际正确率只有2.5%。在合计120次测试中,她原以为能有60次被猜中,但实际上只有 3 次。

为什么会出现这样的结果呢？因为我们很容易认为**自己知道的事情，别人立刻就能明白。**

打拍子的人应该知道正确的曲名，所以她认为其他人很快就能猜对。

工作也是如此，对于已经记住答案或是工作方法的人来说，很容易认为"即使简单地讲解，新人也能立刻明白"，因此请大家注意，不要以为你知道，或者你能做，别人就一样能做。

相比之下，无论怎么解释，"即使如此，对方可能依然不懂"的想法更好。想要让对方理解自己知道的事情，是一件非常困难的事情。

将知识融会贯通的自学测试

设想具体的场景，试着理解与人际关系有关的心理学现象吧。

问题 1

人为什么会有"恐惧心理"呢？请试着从心理学的角度进行说明。

问题 2

如何更加准确地向对方表达自己的所知所感？

问题 1

_____

_____

_____

_____

问题 2

_____

_____

_____

_____

答案见 P156

第 2 周

第 5 日

做出正确的判断并非易事

葡萄酒的味道由什么决定

"葡萄酒的味道"能否通过客观因素决定呢？对于喜爱葡萄酒的人来说，这真的是一个遗憾的话题。

从外行人的角度来看，我们每个人都有自己喜欢的口味。有人喜欢酸味重的葡萄酒，也有人喜欢甜味重的葡萄酒，所以几乎无法从客观上判断哪种味道的葡萄酒更加美味。

话虽如此，但在现实中的葡萄酒比赛，或者品鉴会上，却能够评选出金奖，从这层意义上来说，葡萄酒味道的好坏，似乎存在客观的评价标准。那么，究竟哪种观点才是正确的呢？

美国洪堡州立大学（一所位于加州阿尔卡特的公立大学）的罗伯特·霍格森对这一问题产生了兴趣，并试着针对"葡萄酒的味道是否有明确的评价标准"进行了研究。

霍格森对在美国境内举行的13场葡萄酒比赛中，参加了3场以上的2440个品牌的葡萄酒进行了分析。

结果显示，在一场比赛中获得金奖的葡萄酒，其同类产品的84%在另一场比赛中根本拿不到任何奖项。在一次比赛中被认为"味道非常好"的葡萄酒，在另一场比赛中的大部分评价均低于平均水平。

对于这一结果，霍格森得出结论："葡萄酒的金奖纯属偶然。"也就是说，获得金奖的葡萄酒**并非因为味道甜美，甚至可以说是随机选出的**。

或许有的读者认为："不，也许葡萄酒就是这样，如果换成啤酒就能品尝出区别，因为我很清楚啤酒的味道。"

但是，有研究认为，这个观点也值得怀疑。

爱荷华州立大学的拉尔夫·艾利森曾对10个品牌的啤酒做过试饮实验，结果表明没有人能通过后味、香味、苦味、泡沫等区分啤酒的品牌。

只有在啤酒瓶上贴好标签，人们才能区分啤酒的味道。这个实验说明：**我们仅能通过标签来判断啤酒的品牌，而不是啤酒的味道。**

我们所感受到的美味，可能是受到了葡萄酒、啤酒的标签和瓶子形状的影响吧。

美味源自"臆想"

只要你喜欢，无论什么食物都是美味佳肴。

我们之所以认为葡萄酒和啤酒好喝，归根结底都是个人的"臆想"。你认为这种酒好喝，那么它就好似玉露琼浆，你认为那种酒不好喝，那么它就会变得淡而无味。

加州理工学院的希尔克·普拉斯曼曾经做过一个实验，让20名参与者试饮5美元的廉价葡萄酒，以及90美元的昂贵葡萄酒。不过，90美元的葡萄酒并非价值90美元，而是事先将里边的酒倒掉，然后偷偷装入5美元的葡萄酒。

接着，研究人员使用前文中多次提到的fMRI（功能性磁共振成像）研究参与者试饮时的大脑活动。

结果显示，参与者饮用90美元的葡萄酒时，评分出现了差异。满分为5分，5美元的廉价葡萄酒的平均得分为2分，而90美元的昂贵葡萄酒的平均得分为4分，分数差距约为2倍。事实说明，虽然瓶中的酒完全一样，但参与者们仍然觉得"昂贵的葡萄酒一定更好喝"。

那么，在这期间，参与者的大脑活动出现了怎样的变化呢？

fMRI显示，参与者品尝昂贵葡萄酒时，血液流入内侧眼窝前额皮质，使其活性化，而大脑的这一区域与快乐有关。

无论多么廉价的葡萄酒，只要饮用者抱着"这个应该很好喝！"的想法去品尝，能够让大脑感到快乐。"美味"的评价是真实的，因为大脑活动表明品尝者真的感受到美味。

价格同为 5 美元的葡萄酒

知道这是价值 5 美元的廉价酒	以为这是价值 90 美元的高级酒

⬇ 评分为 2 分，满分 5 分　　　⬇ 评价为 4 分，满分 5 分

自认为是美酒，就能激活大脑，让你
真的感受到美味！

　　即便是完全一样的食物或饮料，凭借个人的"臆想"也能改变它们的味道。即使是一瓶价格为数百日元的廉价葡萄酒，只要你坚信它味道甜美，那么无论什么样的葡萄酒都能媲美仙露琼浆。

　　品尝食物的诀窍是，在入口之前告诉自己"这种食物肯定好吃"，只要抱着这种想法去品尝，那么任何食物都会变成美味佳肴。

我们只会记住对自己有利的事情

有时，我们会将人脑比作计算机，但人类的记忆并没有那么优秀。

电脑硬盘有一个特点，那就是将输入的数据原封不动地保存下来，而人类的记忆做不到这一点。基本上，我们都会忘记对自己不利的事情。

我们有时会看到两个人吵得很凶："这是你说的！""不，我绝对没说过这种话！"但从心理学的角度来看，两个人的话都违背事实，因为我们只能记住对自己有利的事。

我们的记忆有一种机制，那就是尽快忘掉不愉快的事情。

为什么这么说呢？原因很简单，因为记住了不开心的事，就会一直感到不愉快，而这种状态不是我们想要的，所以我们的记忆会不断删除不愉快的事。你不觉得这样很棒吗？

或许有人会反驳："话虽如此，但也有人一直忘不掉过去的创伤。"虽然他们忘不掉创伤事件，但记忆中的悲伤和痛苦，应该会随着时间的推移而逐渐淡化。我们的记忆能够不断删除不愉快的事情，所以记忆和感情都会随着时间的推移逐渐消失。

这种现象被称为"情感消退偏好"（Fading Affect Bias，FAB）。

美国北卡罗来纳州的温斯顿·塞勒姆州立大学的理查德·沃克对众多有关情感消退偏好的研究进行了综合性验证，结果证明不愉快的记忆确实会快速消失。

如果永远记住不愉快的事情，那么我们的内心会出现怎样的变化呢？或许会因为太过痛苦而坏掉吧。

因此，为了避免这种情况，我们的记忆会不断删除那些引起消极情绪的事件。只有快速忘掉痛苦，才能在生活中保持积极的心态。

即使你觉得"真的太痛苦了，我不想活了！"也要知道，这种痛苦只是暂时的。人的心理（或者说是记忆）非常优秀，很快就能忘记不好的事情，所以痛苦只是一时的，只需稍作忍耐，立刻就能忘得一干二净。

恐惧会扭曲认知

对于胆小的人来说,小狗看上去像是狮子,麻雀也能变成虎头海雕(Haliaeetus pelagicus)。这种说法并不是夸张,而是胆小的人眼里"实际看到的事物"。

我们的视觉并非原模原样地呈现真实的现实世界,它的存在是一种机制,能够反映出被我们的内心严重扭曲后的现实。

即使长得不可爱的女性(如有失礼之处,敬请谅解),在喜欢自己的人眼里也是世界第一美人。即使是长相平平无奇的男性(再次抱歉),在对自己有好感的女性眼里,也比杰尼斯艺人更有魅力。

让我们重新回到胆怯的话题上,当我们害怕的时候,即使对方平平无奇,在我们眼里也会变得恐怖无比。

美国弗吉尼亚州威廉玛丽学院的珍妮·史蒂芬努奇分析称,首次将尼亚加拉瀑布介绍到欧洲的法国传教士、冒险家路易斯·亨尼平可能有恐高症。

史蒂芬努奇为什么会知道亨尼平有恐高症呢?

据亨尼平于1677年留下的日志记载,尼亚加拉瀑布的高度"超过180米"。

然而,尼亚加拉大瀑布虽然震撼人心,但实际高度不过50米。如果我们因恐惧而缩成一团,那么观察事物的方式就会发生扭曲。

如此说来,体育界也会出现比赛时"对手看起来很高大"的现象。

各位读者应该已经明白了吧。之所以"看起来高大",是因为产生了退缩心理，对对手感到恐惧，因此才会"看起来很高大"。

也许，当对手看起来很高大的时候，比赛就已经结束了，因为从一开始就输在心理上了。

经常会有这样的现象：对方的排名或顺序更加靠前，其形象也会显得十分高大。如此一来，自然就会输掉比赛，这就是所谓的"被对方的地位所压倒"。

如果对方的形象看起来十分高大，不妨先试着深呼吸，恢复平常心吧。只要冷静下来，就能发现自己和对方的实际差距其实并不大，取胜的概率也会更高。

他人的意见使人迷茫

当我们想要判断一件事的时候，会不自觉地询问其他人的意见，因为参考别人的意见，或许能帮助我们做出更好的选择。

然而，这种事情应该具体问题具体分析。

其中也有因为听取别人的意见而无法做出正确判断的情况。

德国哥廷根大学的安德烈亚斯·莫迪休曾做过一个实验，他打算通过讨论的方式，从4名应聘航空公司人事主管的人员中选出合适的人选。讨论以4人1组进行，不过，除了真正的应聘者外，其余的都是演员。

仔细查看A、B、C、D这4名应聘者的简历，就能发现C更适合这一职位（C有6项优势，3项劣势，而剩下的3人有4项优势，5项劣势）。

但是，在讨论的时候，莫迪休故意说了一些扰乱判断的话：其他的成员中有2人推荐A，剩下的1人觉得D更合适。

结果表明，在不加干扰的情况下，61%的人选择了C，而在施加干扰的情况下，只有28%的人选择了C。

即使独立思考能够做出正确判断，<mark>在听取他人的意见后，也会被这些言论所误导。</mark>

当然，听取别人的意见也很重要，因为有时无法独自做出正确的判断。

虽然应该具体问题具体分析，但能够自己做出正确判断的时候，最好自己来解决。征求他人的意见，很可能会被误导，这一点请大家牢记。

有时，企业的人事负责人会因为独自判断是否录用员工而感到莫大的责任和压力，不知不觉就参考了其他负责人的意见，这种做法可能并不好。正如莫迪休的实验所示，人事负责人的判断可能会受到干扰。

为了不让判断出现偏差，最好事先决定**"按照这一标准来录用"，然后根据这一标准客观地进行判断**。事先确定标准，就不会出现太大的偏差。

人事负责人选择录用者的实验（C 最合适的情况）

独自决定的时候
选择 C
16%

→

讨论决定的时候
（出现干扰判断的意见）
选择 C
28%

如果被别人的意见牵着鼻子走，就无法做出正确的判断

将知识融会贯通的自学测试

从心理学的角度思考如何看待事物。

问题 1

"情感消退偏好"是怎样的现象？请结合具体场景进行回答。

问题 2

你有没有经历过自己的认知与现实大相径庭的情况？请写明出现差异的原因。

问题 1

_____
_____
_____
_____

问题 2

_____
_____
_____
_____

答案见 P156

第 **3** 周

通过心理学
解读世界

❧

第 ① 日
人的行为背后蕴含着怎样的心理

第 ② 日
优化组织运作的心理学

第 ③ 日
有助于商业活动的心理学

第 ④ 日
提高幸福感的心理学

第 ⑤ 日
利用心理学解读社会

❧

❧

心理学对于理解社会动态也有很大帮助。

第三周，
笔者将通过各种实验来说明与商业和企业有关的心理学，
以及与组织建设有关的心理学。
让我们一起通过心理学拓宽视野，
了解集体行动和判断背后蕴含的心理，
掌握解读人类社会的方法吧。

❧

第 3 周

第 1 日

人的行为背后蕴含着怎样的心理

我们很容易受到交往对象的影响

俗话说："近朱者赤，近墨者黑。"大致的意思是和有不良嗜好的人交往，自己也会慢慢学坏，和喜欢学习的人交往，自己也会逐渐变得喜欢学习。

科学证明，很多自古流传下来的谚语，从心理学的角度来说都是正确的，"近朱者赤，近墨者黑"也是如此，这一点已经得到了现代心理学上的证明。

荷兰拉德堡德大学的吉特·瓦赫恩曾将1016名中学生中311名完全不玩游戏的学生排除，对剩余的705人进行了调查。

首先，瓦赫恩让学生们将好朋友的名字，以及一起玩暴力游戏的朋友数量告诉他。

一年后，瓦赫恩对学生们提出请求："希望你们以匿名的方式将班级里踢打其他学生的人的名字告诉我。"

结果他发现，如果一个学生有喜欢玩暴力游戏的朋友，那么一年后，这个学生也会变得暴力，且"很容易成为被同学们讨厌的人"。如果朋友因为游戏的影响而变得粗暴，那么1年后，自己也会变得和朋友一样粗暴。

大家应该听说过"孟母三迁"的故事。

这个故事也说明我们容易受到周围人的影响。

孟子是儒家学派中仅次于孔子的圣人，孟母就是孟子的母亲。

这则故事是这样的：孟子小时候住在坟地附近，总是模仿葬礼仪式，孟母觉得"这样对孩子的教育不好"，于是便搬家到市场附近。然而，孟子又开始模仿商人们讨价还价的样子，孟母认为"这样也不好"，最后将家搬到学校旁边，而孟子也开始模仿老师的礼仪，所以孟母决定在这里定居。"孟母三迁"就是指孟子的母亲三次搬家。

孟子之所以能够成为圣人，也是因为孟子的母亲为他筛选了交往的对象。

不知道各位读者们的人生中，有没有人告诉你"**要仔细挑选交往的对象**"，从心理学的角度来看，这样做是对的。因此，请大家仔细挑选交往的对象。

和喜欢音乐的人交往，就会开始喜欢音乐

和喜欢读书的人交往，就会开始喜欢读书

发生灾难时,为何有时会引起恐慌,有时却不会?

一般认为,发生自然灾害或重大事故时,在场的人都会感到恐慌。

但事实并非如此。即使被卷入灾难,人们也会理性、冷静地行动。

据说,美国发生"9·11"恐怖袭击事件时,客机撞入世贸中心大楼后,并没在内部工作人员中引起太大的恐慌。有人证实,当时人们安静地排成队列,有序地通过紧急通道逃生。

那么,什么情况下会引起恐慌呢? 这与时间的紧迫程度有关。如果时间充裕,人们就能保持冷静。

瑞士苏黎世大学的布鲁诺·弗雷将史上最惨烈的海难事故——泰坦尼克号事故与卢西塔尼亚号事故进行了比较。

泰坦尼克号于1912年4月14日沉没,造成1517人死亡。卢西塔尼亚号于1915年5月7日沉没,造成1198人死亡。类似的豪华客船,相近的死亡人数,但这两起事故中却有许多不同之处。

泰坦尼克号上的乘客没有出现太多恐慌情绪,相比之下更为理性。儿童比成人的存活率多了14.8%,也是"应该优先让女性和孩子离开"的理性决策发挥了作用。

然而在卢西塔尼亚号上,却出现了成人逃生较多,儿童的存活率比成人少5.3%的悲惨结果。另外,在泰坦尼克号上,被救出的女性人数比男性多53%,而在卢西塔尼亚号上,虽然被救出的女性人数更多,但只多了1.1%。总之,卢西塔尼亚号上的成年男性不顾妇女和儿童的安危，争先恐后地逃生。也就是说，当时船上的人陷入了恐慌。

弗雷的调查显示，卢西塔尼亚号上出现恐慌，与其沉没的时间有关。

泰坦尼克号的浸水速度很慢，直至沉没，一共用时 2 小时 40 分钟。弗雷推测，大概是因为时间充裕，人们才能保持理智。而卢西塔尼亚号沉没只用了 18 分钟，这种情况下，大家都只顾着自救。

大多数人认为，在灾难和事故中，人们容易陷入恐慌，但实际并非如此，如果时间充足，人们就会采取理性的行动。

泰坦尼克号上的乘客并没有发生太大的恐慌

购买昂贵商品的诀窍是"不要仔细考虑"

我们作为消费者进行购物的时候,在购买洗发水等便宜的日用品时,不会做过多的考虑,就能挑选出合适的商品,而在购买汽车、公寓等昂贵商品时,却总是反复思量,再三权衡。

但是,从心理学的角度来说,这种做法大错特错。

相反,购买日用品时需要仔细考虑,而在购买昂贵商品的时候,应该根据直觉,摒弃烦恼,直接选择自己想要的商品。

为什么这么说呢?因为这样做不会后悔。

购买昂贵的物品时,深思熟虑反而会更加迷茫,购买之后也会有"我的选择是否正确?""也许还是其他的更好?"等烦恼,这会使你产生莫大的遗憾。

荷兰阿姆斯特丹大学的阿普·迪克斯泰尔霍伊斯向27名在高档家具店和27名在日用百货店购买商品的顾客打招呼,询问他们买了什么,购买前是否犹豫。然后,留下了他们的联系方式,并在数周后向他们提问:"你对当时的购物有多满意?"

迪克斯泰尔霍伊斯将烦恼程度作为中位数,按照数值高低将人们分为"犹豫过的人"和"没有犹豫的人",并对他们的后悔程度进行了比较。

于是得出结论,在高级家具店购买物品的人中,"没有犹豫的人"的满意度高,而日用百货商店的购物者中,"犹豫过的人"的满意度

购买昂贵的商品	购买便宜的日用品
犹豫的人 ＜ 没有犹豫的人	犹豫的人 ＞ 没有犹豫的人
满意度	满意度

高，他们认为"哎呀，买到了好东西"。

购买便宜的日用品时可以仔细考虑，如"这边的商品便宜10日元""这边的商品卡路里低"。换句话说，这样做能够提高购物的满意度。

但是，在购买昂贵商品的时候不能这样。

"总之，就买这个吧！"像这样毫不犹豫地选好商品，购买后也不会后悔，所以请大家务必参考这种做法。

越是犹豫，就越不知道该选哪个，"旁边的那个可能更好？""也许我们应该等促销？"这些顾虑会让你变得闷闷不乐。如果你不想体验这种感觉，就凭直觉进行选择。

学习心理学，可以获得这样的知识，让你成为"购物高手"，大家不觉得这是一门方便、实用的学问吗？

根据顾客改变广告的形式，销售也会更加顺利

众所周知，广告最好能够符合观众的性格。

如果信息的内容和自己性格完全一致，就会"得到认同"；如果不一致，则会觉得"莫名其妙"，完全不动心。

哥伦比亚大学的桑德拉·马茨用英国化妆品制造商的广告做了一个实验。

马茨准备了两种广告：一种适合外向的人（社交能力强，喜欢人际交往的类型），一种适合内向的人（不太喜欢人际交往，喜欢独自看书之类的类型）。

在外向型广告中，有一位热舞的女性，以及一条信息："大家都在关注我。"

而在内向型广告中，一位女性在房间中安静地对镜梳妆，另外还有一条"美，是一件不需要高调张扬的事"的信息。

当人们看完两则广告后，马茨发现，与看到和自己性格不相符的广告时相比，当人们看到和自己性格相符的广告时，购买的人数增加了 1.54 倍。

遗憾的是，没有一则广告能够吸引所有人。

为什么呢？因为每个人的性格和喜好都不一样，所以想通过一则广告打动所有人是不可能的。

在电视、广播等媒体上播放广告的时候，由于广告费的预算等关

系，必须统一。但是，在网络广告中，可以在固定的格式中加入简单的变化。因此，制作符合用户个性的广告，能够更好地提升广告效果。

顺带一提，使用符合对方性格的信息，被称为"**定制通信**"。

笔者认为没有必要做数十个版本，像桑德拉·马茨的实验那样，制作两个不同的版本，一个面向外向人士，一个面向内向人士即可。

企业制作宣传册和资料的时候，如果条件允许，最好制作两个版本，一个面向外向客户，一个面向内向客户。这样一来，商谈也会变得更加容易。

将知识融会贯通的自学测试

结合具体的案例，了解人类行为背后的心理因素。

问题 1

发生重大灾难时，人们会做出怎样的行为？请结合灾难与时间的关系。

问题 2

请从心理学的角度回答购买昂贵物品时的注意事项。

问题 1

_____

_____

_____

_____

问题 2

_____

_____

_____

_____

答案见 P157

第 3 周 第 2 日
优化组织运作的心理学

没有关系是万万不行的，这不仅限于日本社会

日本的社会被称为关系社会。

就业的时候也是如此，如果父母在大企业担任董事，那么子女就能顺利（几乎可以免试）进入父母所在的企业。无论是政界，还是演艺圈，如果父母担任过高官，或者是演艺圈的泰斗，那么孩子就能凭借父母的光环，轻松成为政治家或艺人。这就是所谓的"官二代""星二代"。

日本是非常明显的关系社会，笔者认为确实如此。我们先暂停一下，思考一个问题：难道只有日本社会是关系社会吗？

当我们带着这个问题去看其他国家，就会发现无论美国、中国，还是韩国，都是关系社会，并非只有日本是关系社会，**每个国家都是关系社会**。

我们以荷兰为例。

乌得勒支大学的艾德·博克曼对荷兰拥有超过 50 名员工的 4000 家企业的高层管理者进行了一项问题调查："你是怎么得到现在这份工作的？"

然后呢？结果显示，61% 的高层管理者并非通过报纸广告的应聘消息，而是通过父母、亲戚或者某个人的介绍，获得了现在的工作。也就是说，通过关系入职。

心理学用一个很棒的词来形容是否有存在关系，那就是"**社会资本**"。所谓"社会"，是指"人脉和关系"，而"资本"指的是"金

对荷兰 4000 家公司（拥有 50 名以上员工）的高层经理进行的问题调查"你是怎么得到这份工作的？"

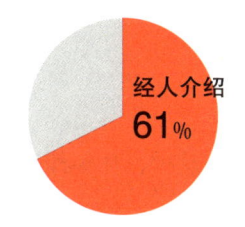

经人介绍 61%

结果发现，大多数人通过关系入职

钱"，所以拥有很多关系的人，等于拥有很多金钱（资本）。

顺便一提，博克曼还将社会资本（关系）和收入相结合，并进行了分析，结果表明关系越多的人收入也越多。

"利用关系，太卑鄙了！"

"利用关系，这也太狡猾了！"

基本上，能够说出这种话的都是没有关系的人。没有关系，就必须积极主动地结识人脉，这是在社会上生存的基本方式。毕竟，包括日本在内，所有国家的社会形式都是关系社会。

好的，录用了！

我是贵公司社长的女儿。

面试官

欺凌新人也是一种通过仪式

在大学宿舍和社团活动中，每年都会举行类似"欺凌新生"的仪式。

在一些大学和社团中，这种行为属于传统仪式。

美国纽约州科尔盖特大学的卡罗琳·基廷就"欺凌新生"问题进行了调查。

调查发现，在运动类社团中，欺凌的方式多为身体锻炼，比如在操场上跑几圈；而在希腊语社团等文科社团中，欺凌的方式多为让人出丑，比如当众唱歌。

那么，为什么要欺凌新生呢？

根据基廷的调查，欺凌新生具有一定的意义或功能。

首先，欺凌新生能够让他们明白组织的等级制度，以此达到让新生服从的效果。

另外，欺凌行为越残酷，越能通过残酷的通过仪式，强化"我们是社团的一员"的同一性。

这么说来，曾经的日本职场也是如此。

刚入职的新人不断被前辈灌酒，或被迫跳舞，在组织的等级制度下接受教育的同时，也强化了"通过了这个仪式，我就是这个公司的一员"的意识。

当然，这种行为可能会让你涉嫌职权骚扰（权力骚扰）。由于违反法律，近年来这种过分的行为已经完全消失。

但是，随着这种通过仪式的取消，新人很难得到公司的认同，这也是事实。不能对自己的公司抱有强烈的热忱，轻易辞职就是最好的证明。

虽说欺凌肯定是不好的，但也并非完全没有好处，这一点着实令人烦恼。

企业越是成功，越不擅长应对变化

越是行业里的大型龙头企业，越容易出现大企业病，所有行业都是如此。

大企业病的症状包括信息不畅、机制僵硬、墨守成规、思想僵化等。

大型企业有很多优势，但一直依赖这些优势，就会在竞争环境变化时遇到大麻烦。

伦敦商学院的皮诺·奥迪亚曾研究过美国的航空业。1978年，美国航空业出现了较大的放松规制运动。航空公司不仅能够进入新兴市场，还可以自行决定机票价格。奥迪亚调查了23家航空公司在放松规制前五年和放松规制后五年的数据。

结果显示，在放松规制前的五年里，企业的净利润率（ROS）越高，放松规制后的净利润率下降幅度就越大。理由很简单，因为这些企业仍然延续以往的做法。

即使环境发生变化，大型企业也会继续沿用之前的做法。或许这些企业认为即使环境发生变化，自己也不用改变吧。而在大型企业没有任何行动的时候，进入新兴市场的企业和善于应对变化的竞争对手们早已开始在惊慌中争抢客户。

奥迪亚还调查了美国卡车行业。这个行业在1980年也出现了较大的放松规制运动，奥迪亚以125家企业为对象，调查了他们前后5年的净利润率。

结果发现，在放松规制前，**越是利润可观的龙头企业，在放松规制后衰退得越厉害。**这种情况与航空业完全相同，越是曾经的优势，越容易受到放松规制的影响。

对于消费者来说，放松规制后的商品和服务更加便宜，也更受欢迎，但对于大型企业来说，越是放松规制越要小心。如果抱着"暂且保持现状，静观其变"的心态，业绩就会大幅下滑。

也许有人会觉得"我们公司是中小企业，不会出现问题"，但这并不意味着中小企业不会出现大企业出现的问题。如果社长独断专行，那么同样会出现大企业那样的问题，这样一来，企业就无法灵活应对市场环境的变化。

总而言之，笔者认为所有企业都应该建立一种无论发生什么情况都能从容应对的体制。

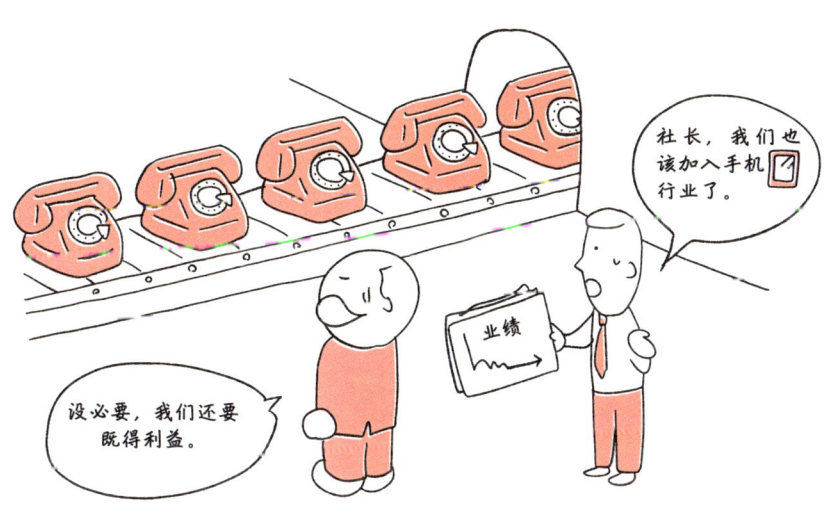

不改变以往的做法，业绩会大打折扣

优秀的领导取决于追随者

说起领导，大家都会想到自己积极行动，努力带领众人前进的人。

但是，这种符合一般"领导形象"的做法真的行得通吗？其实不然。换句话说，有的领导基本上什么都不做，只是经常听取周围的人的话，平静地观察着其他人的工作。

什么样的领导才算是优秀的领导？这要取决于追随者。

当员工失去干劲，不再积极主动的时候，只要领导不断下达指令，工作就能顺利进行。

然而，当员工士气高昂，工作积极主动的时候，领导最好不要多管闲事。这种情况下，下达指示和命令，反而会挫伤员工的干劲。

宾夕法尼亚大学的亚当·格兰特向遍布美国的130家比萨外卖连锁特许经营店邮寄了一份调查问卷，并尝试对他们的回答进行分析。

结果显示，当员工处于被动的工作状态时，店长发挥领导作用，就能提高店铺的利润率。每周的利润率和顾客的订单价格也随之提高。

然而，在员工热情高涨、积极主动的店铺中，店长被动工作的情况下，店铺的利润率更高。员工积极主动，那么作为领导的店长最好什么都不做。

如果各位读者在企业内部的项目中被任命为领导，首先要仔细观察项目的成员，了解他们是否敢想敢做、精力充沛？是否神情饱满、积极主动？如果确实如此，那么最好不要试图展现领导风范。放任不管，部下的表现应该会更好。

利润率提升时，员工与店长的关系

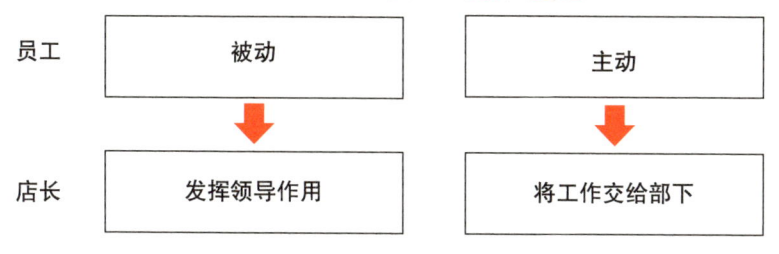

员工	被动		主动
	↓		↓
店长	发挥领导作用		将工作交给部下

部下们没有干劲的时候，才是发挥领导作用，提出具体工作指示的时候。这种情况下，最好接连不断地下达指令，尽量不要给部下放松的时候，这样才能提高工作效率。

优秀的领导应该根据部下和情况，灵活改变自己的态度。

以固定的方式应对所有状况的做法绝对不是上策。虽然看起来"没有领导风范"，但有时最好让部下按照自己的方式完成工作。

最好让新人尝试新的工作

事实上,新人最有可能开创新事业,或者开发出让大众耳目一新的产品,因为完全没有经验的新人总是拥有新颖的想法。

如果你是经营者,那么请尽量让新人参与新的工作。

考虑到"在某种程度上,熟悉行业,且具备经验的人会更好……",但又不能交给年龄太大的人。

那么,为什么新人更加合适呢?

华盛顿大学的米歇尔·杜古德曾调查过新人、中层和高层是否在意公司评级。

结果表明,最在意评级的是中层。

杜古德指出,位于企业中层的人既在乎评级,又怕失去自己现有的地位,无法提出富有创意的想法。越是不需要在意评级的高层,或者不怕失去地位的新人,越能提出富有创意的想法。

基层新人的优势在于没有什么可以失去。

原本就处于基层位置,即使失败了,也不用担心被降职。本来就是普通职员,没有头衔,**不用害怕失去地位,因此能够更好地挑战新事物**。

位居中层,则很难做到这一点。

"如果做了可笑的事,可能会被降职……"

"如果提出可笑的企划并且失败,可能会被降薪……"

只要心中存在这些不安的想法,就无法提出新颖的创意,这是理所当然的事。

新人完全没有任何成绩，因为他是新人。当然，也无法保证成功，因为未曾尝试过。但是，这样一来，谁也不敢把工作交给新人。

我们曾经都是新人，不要"因为是新人，就不让他做"，而要抱着"**正因为是新人，才要让他不断尝试新业务**"的想法。

请大家记住，位居中层的人往往过于在意评级，不敢挑战新鲜事物。既然如此，倒不如交给新人去做。

将 知 识 融 会 贯 通 的 自 学 测 试

设想一个具体的场景，试着理解组织和个人的特点。

问 题

假设你在公司负责培养新人，你应该注意哪些方面，以促进他们的成长和对组织的贡献呢？

问 题

答案见 P157

第 3 周

第 3 日
有助于商业活动的心理学

想在时尚界取得成功，就必须移居海外

时尚诞生于新的概念。在传统的基础上增加新的元素，就能孕育出新的时尚。

如果你想在时尚界**当一名设计师或者设计总监，成就一番事业，就必须移居海外**。

越是接触不同的文化，越能从中获得新的灵感，创造出颇具独创性的时尚。一直住在日本，很难发现新鲜事物。

欧洲工商管理学院（INSEAD）的弗雷德里克·戈达特研究了买主和时尚评论家对时尚界 21 个季节（11 年）展品的评价。

结果显示，被评为原创性较高的展品均来自具有两三国海外经验的设计总监。

另外，所谓的海外经验，不能仅仅是出国旅行。戈达特表示，海外经验的"深度"十分重要，需要长期居住在海外才能孕育出新的概念。此外，戈达特还指出，原创度最高的展品来自一位在海外工作了 35 年的设计总监。

据戈达特称，即使身处海外，在地理、文化相似的地区也无法学习时尚。以美国人为例，虽说加拿大是国外，但由于两国接壤，所以学不到新的知识。只有前往亚洲或非洲等国家，才能获得有用的时尚概念。

一直居住在同一个国家，无法带给你更多灵感。

居住在一个对自己来说完全陌生，且充满异国情调的地方，就能在日常生活中获得新的灵感。

虽然日本也有学习时尚的学校和专门学校，但即使在这类学校里学习，也很难成为设计师。

如果你想学习时尚，那就尽快出国，打工也好，做其他事也罢，因为在异国他乡学习时尚才是最好的捷径。

不要贸然独自创业

"我想到一个好主意!"

"我要用这种商业模式闯出一片天地!"

只因想到某种新产品或者商业模式就立刻辞职的做法不值得推荐,这不是笔者的观点,而是有大量数据支持。

威斯康星大学的约瑟夫·拉菲调查了5000多名在1994年至2008年创业的20岁至59岁的企业家。

拉菲试着将辞去现有的工作,专注于自己创业的人和继续做本职工作,将创业作为副业的人进行了比较。

或许大家觉得不惧风险,专心创业的人会更加顺利。

然而,现实数据显示并非如此。在确保主业的同时,将创业作为副业的人能够更好地维持企业运作,失败的概率降低了33%。

这样一来,大家就能明白笔者为什么说最好不要突然辞职了吧。

不要辞职,先试着开创副业,暂时观望。确定"能够成功"后,再辞职也不晚,这种方法一点也不耽误时间。

我们总是会对自己做出过于乐观的判断,很容易认为"这个行业很赚钱!"俗话说"不要打如意算盘",大概就是指这种情况吧。

值得注意的是,只有你觉得自己一切顺利,多数情况下事情不会如你所愿,提前辞职可能会造成无法挽回的后果。

或许有人觉得"哎呀,总觉得挺顺利的",那么,我们来看看日本的统计数据吧。从经济产业省(METI)网站上的《中小企业白皮书》统计来看，新成立的公司和独资企业 1 年后的存活率为 72%。

不要以为"你看，七成都进展顺利"，反过来想，30% 的人不到一年就不得不关门大吉。顺带一提，创业 3 年后的存活率约为 50%，即淘汰掉一半，而创业 5 年后的存活率约为 40%，也就是说大多数人撑不过 5 年。

看到这些数据，请你一定要意识到"突然辞职，确实有点唐突"，但即便如此，那些为了实现梦想的人依旧不会停下脚步。那么，就请你做好心理准备，因为只有付出相当大的努力才能生存下去。

新企业的存活率

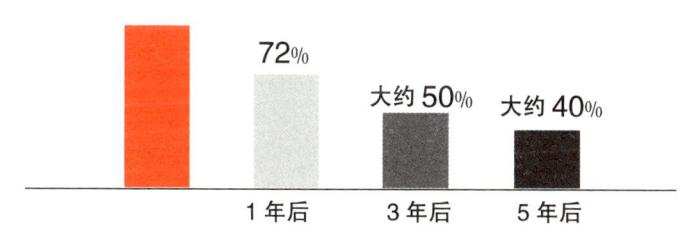

- 1 年后：72%
- 3 年后：大约 50%
- 5 年后：大约 40%

"创业要趁年轻"的说法是骗人的

无论是比尔·盖茨、史蒂夫·乔布斯,还是马克·扎克伯格,许多人在年轻的时候就已经成为成功人士。

但是,实际上"这样的人非常罕见",现实中几乎没有人能够在年轻的时候取得成功,比尔·盖茨等人是例外中的例外。

常见的商务书籍中都有"趁着年轻,就应该创业"之类的话语。

但是,这些书中的内容千万不能信以为真。

如果你试图在年轻的时候成就一番事业,那么通常情况下,迎接你的将会是失败。

麻省理工学院的皮埃尔·阿祖莱曾提出质疑,"越年轻,越能成为企业家"的说法究竟是否正确?

于是,阿祖莱分析了美国十年间的人口普查数据,结果发现,**成功的企业家是"中年人",而非"年轻人"。**

根据阿祖莱分析数据,在新创企业中,成长最快的创业者创业时的年龄是45岁,而45岁已经不能算是年轻人了。

成为一名成功的企业家,需要具备一定的经验,而只因心血来潮就开始做生意的年轻人是不可能一帆风顺的。

最近,越来越多的年轻人想要依靠制作短视频发家致富,但是,作为短视频制作者取得成功的只有一小部分人,大家必须认清这一点。任何买卖都是如此,不费些功夫就只能碰壁,短视频也是如此。

趁着年轻，努力做好现在的工作，创业之类的事再晚些也不迟。

据说接下来将要进入"人生 100 年"时代，所以没有必要趁着年轻去拼搏。等到四五十岁，积累了充分的行业经验和人脉后，再去比拼也为时不晚。

越是年轻时顽皮的人，越适合当企业家

德国弗里德里希·席勒大学的马丁·奥布绍卡发表了一篇令人震惊的论文。在青春期的时候，越是让人无从应对的**顽皮少年，成年后越容易成为企业家**。

为什么年轻的时候抽烟、喝酒、骑摩托车、违反校规的人更适合当企业家呢？

奥布绍卡的研究表明，要想在商业竞争中取得成功，就必须打破现有的价值观和规则，任何行业都是如此。如果跟大家做一样的事情，或者按照前人的套路做事，就无法取得成功。

年轻时敢于打破规则的人，成年后也会抱着"我才不管什么规则呢！"的态度，这样的态度对于企业家来说非常重要，因此，奥布绍卡指出，年轻时越是顽皮，成年后越适合当企业家。

大家应该明白，商业不能只靠光彩的手段。

正直的人不适合经商，因为在商业活动中，偶尔需要做一些狡猾的事。也就是说，如果不违反规则，就很难把握商机。

无论是比尔·盖茨还是史蒂夫·乔布斯，都有这样一段佳话：商品还没做好，就忽悠对方签订合同，然后拼命开发出合适的商品。如果不能毫不在乎地欺瞒他人，或许就无法成就伟业。

如果从小就被教育要做一个正直的人，那么长大了也很难做到这一点吧，因为不按照常规流程——按时制造出交易商品，然后进行售卖——进行交易，自己就会感到不安。

年轻时顽皮的人很容易忽视这些常规程序，或许是由于从小就习惯了违反规则，长大后也不觉得奇怪。

当然，笔者并不是说在商业活动取得成功，就必须违反法律或进行欺诈，请大家不要误解。只是，当你遇见难得的机会，必须拥有足够的胆量，即使是"做不到"的事，也必须"做得到"。

未来的社长

要想创作出独特的作品，就要以量取胜

独特的作品诞生自拙劣的作品。

总之，创作出大量的作品，其中就会出现独特的作品，这就是现实。

毕加索一生中创作了8万幅作品，真是一个惊人的数字。可以说，创作了这么多作品，其中一些作品得到认可和好评也是理所当然的。

如果真的有天才，那一定是"以量取胜"的人。

而不是依靠所谓的天赋。

笔者希望大家不要误解。如果只留下很少的作品，那么这些作品不可能全部得到认可。事实上，虽然有很多拙劣的作品、失败的作品，但正因为创作了众多作品，才会出现得到人们认可的作品。

纽约市立大学布鲁克林学院的亚伦·科斯韦特分析了65位著名作曲家创作的15657首曲子。

科斯韦特试着调查了每5年的作品数和名曲产生的时间，然后发现作品数量最多的时候最容易产生名曲。每个作曲家都是如此，只有大量创作，才会产生独创性的作品。

被称为天才的莫扎特35岁去世，去世前他创作了600首曲子。当然，这些曲子并非都是名曲。贝多芬一生创作了650首曲子，而巴赫创作的曲子多达1000首。作曲家们留下了众多曲目，但得到高度评价的却只有极少的一部分。

今后，无论你想成为艺术家还是发明家，请记住以量取胜的道理。

创作众多作品，其中就会出现好的作品。

不能只想着创作优秀作品。

总之，不能嫌麻烦，要以量取胜。**所谓的创造性和独创性都具有相似的性质，那就是必须投入大量精力，否则无法展现出来。**

大发明家爱迪生曾有过许多了不起的发明，比如灯泡、放映机等，但他也留下了很多不中用的作品。据说爱迪生去世前曾留下 2500 本研究笔记，他有这么多发明，其中自然会有一些实用的物品。

创作更多的作品，就会诞生出好的作品。

将 知 识 融 会 贯 通 的 自 学 测 试

请试着从心理学的角度思考工作中的成功。

问 题

你认为在工作中取得成功的重要心理学因素是什么？

请试着结合自己的经验和价值观进行描述。

问 题

_____

_____

_____

_____

答案见 P157

第 3 周

第 4 日

提高幸福感的心理学

花钱节省时间，能够带来好心情

现代人总是为没有时间而烦恼。总之，时间就是不够用。要工作，还要进行网络社交，当然还有家务和育儿。总之现代的人都很忙，有很多自己想做的事。

哈佛大学的阿什利·维兰兹提出了一个假设，**现代人总是为没有时间而苦恼，那么花钱节省时间是否能带给人快乐？**

为了验证这一假设，维兰兹以 6271 名来自美国、加拿大、丹麦和荷兰的人为对象，让他们在每天结束的时候记录所有开支，同时回顾这一天的心情。

维兰兹分析了这些记录，发现正如他提出的假设那样，用金钱换来的时间会让人们感到快乐，比如明明可以步行，但仍然选择乘坐出租车，或者委托家政人员打扫房屋等。或许大家会觉得这样做"有些奢侈"。

如果要花钱，请一定花在能够节省时间的地方，因为这样才不会觉得吃亏，或者说，能带来好的心情。

明明可以自己做饭，但偶尔也要选择外出就餐，因为能够节省收拾餐桌和洗碗的时间。这样一来，就能让人感到快乐。**花钱购买时间，人就会变得幸福。**

不能什么事都自己做。如果所有事情都自己做，时间就会不够用，所以你可以只做自己真正想做的事情，其他的事情，可以尽量拜托别人去做。这样一来，就能节省很多时间。

笔者以前自己负责公司的会计，只要使用市面上购买的会计软件，就能轻松搞定。虽说简单，但笔者觉得麻烦，所以就全部委托给税务师了。虽然要花钱，但是既省去了麻烦，又节省了时间，所以笔者十分开心。

出差时，不要坐普通电车，多花点钱乘坐特快列车或者快车吧。这样一来，可以早点抵达目的地，30分钟也好，1小时也罢，拥有充裕的时间，可以在目的地自由地散步，不禁觉得有点奢侈的感觉。

遗憾不已

我们经常会感到遗憾。

例如，在考试中取得80分以上成绩就可以拿到"优"，未达到80分可以拿到"良"。

假设A在考试中得了79分，B得了72分。这两个成绩都应该是"良"，那么你觉得他们谁更可惜？对，是A，因为太"可惜"了。

彩票也是如此，如果一等奖3亿日元的中奖号码是"34组2476895"，而自己手里的彩票是"34组2476894"，那么估计你会非常懊悔，忍不住放声大喊。

斯坦福大学的戴尔·米勒做了一个实验，他让人们读一篇文章："在极寒之地发生空难，只有一人奇迹般地存活。他步行前往小镇，却在小镇前方断气。"然后让人们推测这个人有多遗憾。

不过，他将文章分成两份，并在"断气"处稍加改动，一份是在"小镇前400米"，另一份是在"小镇前120千米"。

于是，读过这篇文章的人都觉得"小镇前400米"更加遗憾。

| 在小镇前400米处断气 | 或 | 在小镇前120千米处断气 |

哪一种情况更加遗憾？

我们如果遇到了不顺心的事，就会感到非常懊悔。

在大学的入学考试或就业考试中，如果知道"再多 1 分就能合格（录用）"，那么大家会怎么想呢？你肯定会觉得非常可惜，露出难以置信的表情吧。

与其如此惋惜，倒不如轻松落败，以巨大的差距败北，或许也算是一种幸福。

奥运会上也是如此，当运动员们仅以 0.01 秒的差距获得金牌和银牌时，不难想象银牌得主有多么可惜。以微小的差距分出胜负，这样的事实令人难以接受。

哦，对了，大家最好尝试游乐场等地方摆设的夹娃娃机，因为每当你觉得"马上就能拿到奖品了"，你就会在最关键的地方失败。如果你不想体验被人戏弄的感觉，那么最好不要尝试这项游戏。

直觉起作用的情况，以及不起作用的情况

我们在做决策和判断的时候，有时需要顺从直觉，有时则需要仔细考虑。而对于在什么条件下选择哪种方法，心理学上已经有了明确的规则。

自己有一定经验的时候，最好凭借直觉进行选择；如果没有经验，或者经验不起作用的时候，最好仔细考虑。

美国得克萨斯州的莱斯大学埃里克·戴恩做过一个实验，他准备了 10 个知名品牌的包，让参与者们分辨真假。他要求一部分参与者只思考 5 秒，有了这 5 秒的时间限制，参与者只能依靠直觉做出选择。而其余参与者的思考时间为 30 秒，这些时间足够他们仔细思考。

调查发现，正确率与参加者自身的品牌经验有关。

同样是拥有 3 个以上古驰和路易威登等品牌包的人，5 秒内凭借直觉进行选择的正确率比思考 30 秒后进行选择的正确率提高了 22%。

能否分辨名牌包的真伪？

拥有 3 个以上名牌包的人	没有名牌包的人
↓	↓
凭借直觉选择的正确率更高	**仔细思考后的正确率更高**

但是，对于未曾拥有过名牌包的人来说，结果完全相反，即思考30秒更容易答对。

我们再来看一个类似的研究。

根据普林斯顿大学的丹尼尔·卡内曼的说法，医生在给病人做诊断的时候，以及消防员冲进火场的时候，都能凭借直觉做出很好的判断。为什么这么说呢？因为过去的经验和现在的状况有一定的相关性。

但是，如果股票经纪人凭借直觉进行投资，似乎不会很顺利。

原因在于，买卖股票不能全靠经验。股票的价格受到太多变量（因素）的影响，历史数据没有太多的参考价值。

顺便一提，根据卡内曼的说法，物理学家、会计师、保险分析师等职业可以利用过去的经验，依靠直觉进行判断；而负责入学考试的招聘办公室负责人、精神科医生、股票经纪人等职业却不能从直觉中受益。在询问从事这些职业的人后，他们也表示有类似的感受。

直觉是否有用，取决于在什么情况下判断。

当你有了一定的经验，且过去的情况和现在大致相同时，凭借直觉做出的判断不会有太大的误差。

医生凭借直觉就能很好地进行诊断

为什么人们总是会做莫名其妙的事

当你在电视上观看足球比赛时，经常会看到这样的场景：被铲球的球员（看起来像是）很夸张地飞了出去。像笔者这样不懂足球的人看了，也知道"啊，这是假摔"，所以大部分人应该都能看出来吧。

足球运动员遭到铲球时经常做出反弓着身子摔倒的夸张动作，朴次茅斯大学的保罗·莫里斯将其命名为"铲球假摔（Tackling Diving）"，并对这种现象进行了调查。

莫里斯做了一个实验，他准备了很多球员遭受铲球摔倒的场景，让参与者们判断哪些是有意的，哪些是无意的。结果发现，即使是外行人也能正确判断出哪些动作是假摔。

即使是不懂足球的外行人也能正确判断出哪些动作是假摔。

那么，在专业裁判眼里更是如此的。

莫里斯表示，足球运动员夸张的摔倒动作根本毫无意义。

笔者不明白为什么足球运动员会故意做出假摔动作。

难道是因为其他选手在做，所以自己不得不模仿，在大喊"哇！"的同时做出夸张的摔倒动作给人们看？笔者不是足球运动员，对于这种心理不好做解释。

观看足球比赛的时候，即使裁判不对假摔动作十分夸张的选手吹犯规哨，他们也会立刻起身跑开。这真是一个很奇怪的现象。

在棒球、篮球等其他运动中，也会出现为了让对手犯规而现场表演的行为，但似乎没有足球运动员那么夸张。为什么只有足球运动员会做出夸张的假摔动作呢？明明一点意义都没有。

说起来，进球的时候足球运动员也会显得非常高兴，与其他运动相比，甚至会高兴得跳起来。跌倒时华丽地摔给人看，进球时高兴得跳起来，或许足球运动员无论做什么都要大张旗鼓。

想要改掉坏习惯，就得寻找替代品

有时，我们自己也会意识到"我是不是该戒掉这种习惯？"但最后总是戒不掉。无论是烟、酒，还是柏青哥，很多时候我们自己都想戒掉这些习惯，但无论如何都戒不掉。这种情况下，最好能找到其他替代品。

用尼古丁咀嚼胶代替香烟。

用喝茶代替饮酒。

用钓鱼代替柏青哥。

如果有别的事情要做，我们就能轻松地戒掉过去的习惯。

纽约州立大学的香农·丹诺夫伯格曾做过一项关于去日光沙龙的人的研究。

经常去日光沙龙的人有各种各样的理由，比如希望能够改善外貌、放松心情、广泛交友等。但是，去日光沙龙有患上皮肤癌的风险，因此很多人都想放弃。

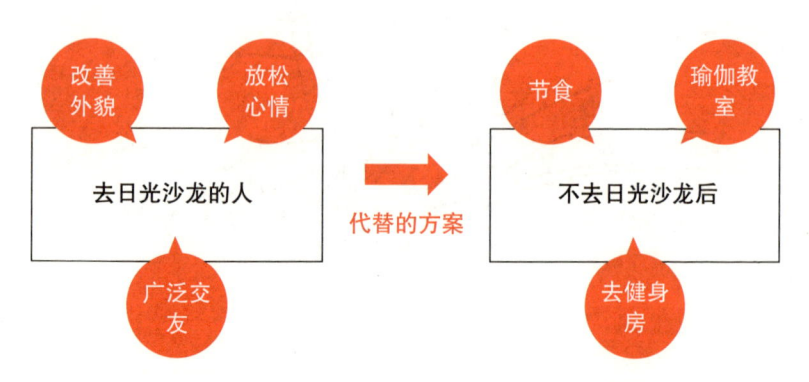

去日光沙龙的人（改善外貌／放松心情／广泛交友） → 代替的方案 → 不去日光沙龙后（节食／瑜伽教室／去健身房）

于是，丹诺夫伯格发现，给这些人提供"替代方案"，比如"如果你想改善外貌，可以选择其他方法""如果你想放松，可以去瑜伽教室""如果你想交友，可以去健身房"等，他们就能放弃日光沙龙了。

我们之所以延续想要放弃的习惯，是因为没有替代品。

因此，如果能够找到其他替代品，就能很轻松地放弃旧的习惯。

人际关系也是如此。

有的人总是和坏朋友、或脾气不好的恋人纠缠不休，其实只需将注意力转移到其他地方。在广阔的世界里，应该有更多的好人，因此可以寻找新的朋友或恋人。这样做对自己也有好处。

在黑心企业工作的人也是如此。如果"讨厌现在的工作"，没必要继续忍耐，请在招聘网站上寻找其他工作。如果你发现了可以替代的工作，就不用一直隐忍了。

将知识融会贯通的自学测试

请试着从心理学的角度来思考幸福。

问题

如何用心理学的知识来解释你感受到幸福和想象中的幸福呢？

问题

_____

_____

_____

答案见 P158

第 3 周

第 5 日

利用心理学解读社会

枪支管制能够减少犯罪吗

在美国，对于枪支管制问题，存在两种对立的主张。

枪支管制的支持者主张："正因为人们能够持枪，才会发生犯罪，只要进行枪支管制，就能减少犯罪和人员伤亡。"

相反，反对枪支管制、拥护持枪权利的人主张："有了枪就可以保护自己，而且如果对方也有枪，那么双方都不会轻易使用。因此，持枪能够起到威慑作用，减少犯罪。"

这样看来，两种立场都有各自的道理。那么，从实际情况来看，究竟哪种说法才是正确的呢？

这种情况下，心理学家会迅速调查数据，而不是凭空想象。

波士顿儿童医院的迈克尔·莫尼托研究了美国各州每个家庭的枪支持有率。在美国，各州对枪支管制的严格程度不同，所以枪支持有率也不一样。另外，莫尼托还调查了各个州的持枪犯罪和抢劫案件的数量，莫尼托使用的是2001年到2004年的犯罪统计数据。

调查发现，持有枪支不能抑制犯罪，并且持枪者越多的州，持枪犯罪的案件越多。也就是说，主张严格进行枪支管制的人是正确的。

也许有读者会觉得"不不不，仅凭一项研究不能说明什么吧……"。

那么，我们再来看另一项研究。荷兰格罗宁根大学的沃尔夫冈·斯特罗布调查了很多关于枪支管制的研究，结果发现随着持枪人数的增加，犯罪率和偶发事故都会增加，甚至还有使用枪械自杀的案例。

关于美国枪支管制的讨论

| 枪支管制能够减少犯罪？ | 或 | 枪支的威慑作用能够减少犯罪？ |

⬇

多项研究表明"枪支管制"可以有效减少犯罪

从这些数据来看，限制一般市民购买枪支，即**枪支管制有助于创造和谐安定的社会环境。**

然而，如果严格管制枪支，购买枪支的客户就会减少，这对枪支制造商来说是巨大的打击。因此，制造商们表现出强烈的反对，并开始进行游说活动，试图说服政治人物。

虽然知道了枪支管制的好处，但始终无法顺利推行，因为大家想法不一。

大众并不相信媒体

过去,一般大众对媒体言听计从、十分软弱。电视、广播、报纸等媒体报道都可以操纵大众。

然而,这种"媒体威胁论"过分夸大了事实。

的确,大众相信媒体的报道,但并非完全被媒体牵着鼻子走。相反,不少人对媒体态度冷淡,他们认为"媒体的报道都是骗人的"。

德国汉堡大学的蒂默·塞文瑟用《今日美国》在2007年8月至2009年6月经济危机期间发表的99篇文章做了一项有趣的研究。

塞文瑟调查了周一头版头条如何传达经济前景,以及下周和5周后的周末道琼斯指数的平均收盘价。

如果媒体的影响力真的如人们说的那样强大,那么当媒体发表"经济前景一片光明"的正面文章时,无论从短期(下周)还是从长期(大约一个月后,五周后)来看,股票价格都应该上涨。

然而调查发现,"经济复苏""不必担心经济问题"等论调文章一经报道,无论第二周还是五周后,股票价格都会下跌。也就是说,**读者并不相信报道的内容**。或许媒体的影响力没有想象中那么大。

塞文瑟进一步分析了1933年至2009年总统就职演说中的言论,发现关于经济前景的演说越是精彩,GDP和失业率反而会更差。

"日本已经不行了""日本要沉没了"等悲观的报道很是让人厌恶,但即便如此,如果说"日本将会迎接玫瑰色的未来",也不免让人产生怀疑吧。

虽然出现了"经济恢复""不必担心"等论调的报道，但股价仍会下跌

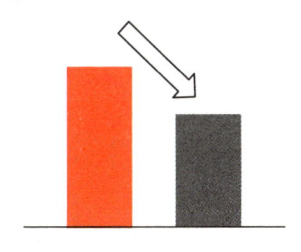

总而言之，一般大众虽然会接触到媒体的报道，但不会信以为真。**现代大众不同于以往，他们既有广博的知识修养，也有理性判断事物的能力。**

虽然媒体报道具有偏向性，但笔者也不会为此担忧。因为笔者相信，大众不会盲目听信报道，可以在一定程度上做出明智的判断。

未来经济形势一片大好

该卖出了。

正因为相似，才看不惯

基督教信奉的是耶稣基督的个人教义，此外，还有天主教和新教等其他教派。

在不熟悉基督教的人眼里，各个教派之间似乎只有很细微的差别，但实际上各个教派彼此都不喜欢对方。虽然它们本质上都属于基督教，但却会出现"正因为相似，反而看不惯"的现象。

心理学上将这种"越是相似的群体，越是互相仇视"的行为称作"**横向敌意**"。正因为相似，所以才觉得不可原谅，这种事十分常见。

在一个名为"素食资源小组"的非营利组织的帮助下，美国肯塔基州贝拉明大学的洪克·罗斯加伯曾对431名素食主义者（以素食为主，但吃奶制品、鸡蛋等）和完全素食者（纯素食主义者，从不吃任何动物性来源的食物）进行了调查。

素食主义者和完全素食者的共同点是只吃蔬菜，不吃肉类。

区别仅在于是否食用牛奶、奶酪、鸡蛋。

在不感兴趣的人看来"两者基本上没什么区别"，但事实并非如此。在完全素食者眼里，半途而废的素食主义者是难以原谅的存在。

完全素食者们认为自己秉承了爱护动物的精神，行为合乎伦理，而素食主义者只是为了保持健康，因此自己怎能与这些为了自身健康而选择食用蔬菜的人相提并论呢？

或许你会觉得"就为了这样一点无聊的小事争吵",但这就是人类。

纵观历史,引发战争的原因往往也都是小事。互相之间,只因一点小小的分歧就会产生非常大的敌意。

例如,虽然隶属于同一家企业,但营业一课和营业二课的关系非常不好,有时甚至互相不理睬,这种现象也属于"横向敌意"。在外人眼里,他们属于同一家企业,做着同样的工作,但在内部人看来,一点微小的差异就能产生不可容忍的愤怒。

严厉的评价看起来更有智慧

虽然笔者不太喜欢,但在被要求发表意见或评论的时候,最好能够做到吹毛求疵。努力找出不好的地方,给出严厉的评论,不知为何能够获得更高的评价。

无论是电影评论,还是小说评价,相比赞美,吹毛求疵的言论更会被认为是"好评论""很棒的评论",这种现象实在令人不可思议。

美国布兰代斯大学的特蕾莎·阿玛维尔根据《纽约时报》的真实书评,尝试制作了两个版本:一个满是称赞,一个满是恶评。

阿玛维尔试着对原本的书评加以改动,比如将称赞版本中的"漂亮的处女作"改为恶评中的"枯燥的处女作",将"才华横溢的年轻作家"改为"毫无才华的年轻作家",将"富有冲击力的中篇小说"改为"毫无冲击力的中篇小说"。

接着,让参与者阅读的书评,并对其进行评价。结果显示,认为恶评"富有智慧"、具有"文学专业性"的人数比例分别比好评高出14% 和 16%。

哪个书评看起来更有智慧?

严厉的书评 > 赞许的书评

不知为何,吹毛求疵的人总是显得更有智慧、更加聪明。

这么说来,电视评论员和新闻主播也是如此。

相比夸奖,吹毛求疵的人有时看起来更加聪明。

如果大家在公司开会，被询问意见的时候，或许说一些吹毛求疵的话反而会更有效。与只会说"没有异议！""赞成！"的人相比，提出批评的人总会给人一种"工作能力强"的印象。

在网上发布信息时，吹毛求疵的言论和负面评论也能让你看起来更加聪明。

话虽如此，笔者并不喜欢说人坏话的人。尽管我知道从心理学上讲，吹毛求疵的人看起来更有智慧，但笔者不想写出满是抱怨的书籍，也不会说别人坏话。

正如上文所述，在会议上吹毛求疵可能会显得更加聪明，但是考虑到会伤害到对方，最好还是赞成其他参与者的意见。这种问题，请各位读者自行斟酌。

为什么英国足球运动员经常在点球中失利

这个标题并不是笔者自己想出来的。

其实,这个标题是笔者在专业杂志上看到的。

发表这篇论文的是挪威奥斯陆公立大学挪威体育科学学校的吉亚·约雷。

约雷分析了1982年至2006年世界杯,以及1976年至2004年欧洲杯的点球数据。

约雷通过自1930年开始的世界杯冠军数量,自1960年开始的欧洲杯冠军数量,以及明星球员数量(国际足联世界球员,年度最佳球员,世界杯金球得主,欧洲足球俱乐部年度最佳球员)来考察各国的实力。

结果发现,越是英国、荷兰等国家的冠军球队和明星球员云集的球队,反而越容易在点球上失利。

英国的点球成功率为67.7%,荷兰为66.7%。顺带一提,从未获得过冠军头衔的捷克等国的点球成功率100%。100%的成功率相当厉害,但本来踢点球的一方就有压倒性的优势,所以不值得大惊小怪。

为什么足球实力越强的国家,越容易在点球上失利呢?

约雷分析,原因可能在于球员太想进球而过于紧张。

如果从裁判吹哨开始测量踢点球的时间,英国选手为0.28秒,西班牙选手为0.32秒,荷兰选手为0.46秒,由此可以看出英国选手们的动作最快，也可以说是十分慌张，或者匆匆忙忙。值得一提的是，没有获得冠军头衔的国家选手在听到哨声后并没有马上助跑，而是慢悠悠地用了一秒多。

正因为是体育强国，国民和媒体的期待也会更大。

周围嘈杂的环境也会影响选手，让他们感到紧张和压力，不能很好地发挥原有的实力，从而导致失败。

虽说足球运动员是职业选手，但一样是平常人，感到压力就无法发挥正常的水平。罚点球时，如果能够做到沉着冷静，基本上都能成功，**然而现实中失败的概率却异常地高，应该是压力过大的缘故。**

当然，其他运动也是如此，名声越高的个人和团队，越会出现不好的成绩，这也可以解释为压力过大吧。

将 知 识 融 会 贯 通 的 自 学 测 试

参考具体案例，思考如何将心理学应用在社会中。

问 题

如何从心理学的角度解释近期看到的新闻及社会问题？
或者如何用心理学来解决这个问题？

问 题

_____

_____

_____

答案见 P158

参考答案

第1周 心理学是怎样一门学问

第1日 关于心理学的常见误区

答案

心理学家

❶ 心理学是以实验、调查、观察等为基础，从客观、科学的角度研究人类的心理和行动的学问。

❷ 著名心理学家有 J.B. 华生、亚伯拉罕·马斯洛等。

＊J.B. 沃森——行为主义心理学的创始人。行为心理学的目标是分析刺激和反应的关系，预测和控制行为。

＊亚伯拉罕·马斯洛——美国心理学家。因主张人类需求层次（马斯洛的需求金字塔）而广为人知。

精神科医生

❶ 精神科医生是使用药物为主进行治疗疾病的医生。

❷ 著名的精神科医生有菲利普·皮内尔等。

＊菲利普·皮内尔——近代精神医学之父。因首次提出"把精神病人从枷锁中解放出来"而闻名。

第2日 如何开始学习心理学

答案 1

使用科学的手段

答案 2

威廉·冯特是德国心理学家，历任莱比锡大学教授，开设了世界上第一所实验心理学研究室。他构思了一种不同于以往的哲学，从"科学"的角度研究心理学的方法，并著有实验心理学第一部著作《对感官知觉理论的贡献》。

第3日　心理学的研究方法有哪些

答案

例：向8人团体提出问题。但是，事先要求其中7人回答相同的问题，然后针对剩下的1人进行实验，看看这个人是否可以不在意其他人的目光，选择正确的答案。

在这一系列的实验中，比较日本集团和海外集团中"不与周围人同步的人"的比率，就可以证实"日本人是否过于在意世人的目光"。

（参考）所罗门·阿什的同步实验

第4日　心理学和其他学问有什么关系

答案

解答案例：试着调查自己的工作中有没有和心理学相关的领域。

第5日　心理学旨在使人幸福

答案

例如：吃甜食、睡觉、运动、专注于兴趣爱好……多种方法。

因此，可以提出"运动能够让人从负面情绪中快速恢复"的假说。

作为实验方法，试着调查运动的人和不运动的人在运动前后的心理变化，就能判断假设是否正确。

事实上，普林斯顿大学的一项研究表明，在小鼠实验中发现，运动可以使大脑控制焦虑的区域发生变化，强化抑制兴奋的机制。

研究人员为了观察控制焦虑的大脑区域——腹侧海马体会发生怎样的变化，将小鼠分为运动组和不运动组。结果发现，运动组的小鼠兴奋时活跃的神经元反应被抑制。此外，研究人员发现，控制脑内兴奋性神经传导因子的（伽马氨基丁酸）被大量释放。

（引自：日本生活方式疾病预防协会 http://www.seikatsusyukanbyo.com/calendar/ 2014/002660.php Exercise reorganizes the brain to be more resilient to stress 普林斯顿大学 2013 年 7 月 3 日）

第 2 周　通过心理学了解彼此

第 1 日　人心到底有多深

答案

血型占卜和星座占卜是将适用于任何人的性格解释为只适用于个人或特定群体的性格，这就是所谓的巴纳姆效应。

如果你想了解一个人的性格，可以着眼于他的出生环境，比如兄弟姐妹等。使用 SNS 可以从一个人的日常生活和兴趣爱好中了解他的性格。

第 2 日　如何提高干劲和注意力

答案

例：将手机的待机壁纸换成自己孩子的照片，看到自己的孩子，即使是讨厌的工作也能充满干劲。这是因为和最喜欢的人互相对视，能够使大脑的腹侧纹状体活性化，从而分泌多巴胺。

第 3 日　心理学有哪些高效的学习法

答案

❶〔A〕

理由：动手可以刺激大脑的顶下小叶等负责记忆的区域，让我们的记忆更加牢固。

❷〔B〕

理由：对于同样的问题，不需要逐一斟酌，但如果将不同类型的问题混合在一起，就必须考虑不同的解答方案，这样做有助于加深理解。

第 4 日　如何建立良好的关系

答案 1

例：我们可以认为，恐惧心理是人类进化过程中产生的，它能够帮助人类更好地生存。如果能够察觉到危险的事物并事先避开，就能提高生存率，而我们的大脑继承了这种功能。

答案 2

例：人们很容易认为对方能够轻易理解自己的想法。首先，要摆脱这种自以为是的想法，重要的是意识到对方未必能够理解自己的想法。

在传达一些想法和事情的时候，必须尽可能地使用具体的语言和视觉信息，正确地表达想要传达的信息。

第 5 日　做出正确的判断并非易事

答案 1

记忆会随着感情一并消失，尤其是伴有负面情绪的记忆消失得更快。

答案 2

例：走夜路的时候，突然窜出一只猛兽，仔细一看，原来是一只猫。这大概是因为在夜路这令人不安的条件下，我们的认知会发生扭曲，让猫咪看上去比平时大了许多。

第 3 周　通过心理学解读世界

第 1 日　人的行为背后蕴含着怎样的心理

答案 1

在灾害和非常时期，人类的行为取决于时间是否宽裕。如果时间充足，即使陷入危机，也未必会出现恐慌情绪，人们能够采取理性的行动。而如果时间紧迫，那么人们很可能会陷入恐慌，并采取自私的行为。

答案 2

在购买昂贵的商品时，不要犹豫，最好立刻做出决定。毫不犹豫地购买商品不仅不会让你感到后悔，还能提高满意度。

第 2 日　优化组织运作的心理学

答案

例：让新人积极参与新的业务和商业活动，因为即使失败，新人也不会失去地位，所以能够积极地创造具有独创性的方案。

此外，必须根据新人的性格改变接触方式。对于热情饱满的新人，可以适当地任其自由发挥。而对于被动的新人，最好由领导提出具体的执行方案。

第 3 日　有助于商业活动的心理学

答案

解答方案：请试着回顾自己的年龄、职业、工作内容。

工作进展顺利的时候，是到了一定年龄，还是移居远方或海外，抑或是一直专注于某项工作，这些都能带给你启发。

第 4 日　提高幸福感的心理学

答案

解答方案：最近，有没有让你感到幸福的事呢？或者有没有什么事让你觉得"如果事情这样发展，那该有多好"？请试着回忆日常中的琐碎小事。

例如：假设你购买了令你满意的高性能的家用电器，或者很想买。如果使用这类家电产品，就可以节省做家务的时间，也就等于买来了时间，从心理学的角度来看，可谓是与提高幸福指数有关。

第 5 日　利用心理学解读社会

答案

解答方案：利用所学的心理学知识解读社会现象。另外，调查社会心理学、犯罪心理学等应用心理学中关系密切的领域，融会贯通，提出自己独特的观点。

后 记

本书讲述了心理学是怎样的学问，以及进行怎样的研究，是专门为"想学心理学"的人准备的入门书。有人认为心理学和血型占卜一样，而本书能够让你彻底明白心理学属于"科学"（Science）的领域范畴。

来到书店，《××心理学》《××心理学入门》之类的普通书籍随处可见，但仔细阅读后就会发现，这类书籍的内容与心理学毫无关系。笔者担心这些书籍会迷惑那些想要认真学习心理学的人。

那么，是否应该使用心理学的专业书籍来学习呢？这又涉及另外一个问题，那就是专业的入门书籍非常枯燥（笑）。

因此，本书的内容介于普通书籍和专业书籍之间。本书中的案例主要是以现代心理学的最新研究为主，并尽可能地以通俗易懂的文字加以说明。书中配有许多图解和插图，想必能够帮助读者理解本书的内容。

本书的定位为入门级，因此笔者未曾提及任何类似于巴甫洛夫的狗等约定俗成的话题，或者记忆的遗忘曲线之类的内容。这类话题对于了解心理学的历史来说非常重要，但笔者认为这样的故事对于普通读者来说有点专业了。

心理学与我们的生活息息相关，为了让大家理解这一点，笔者介绍了很多应用性的研究，而不是基础性的研究（人的生理和记忆等）。我想你应该已经理解了"心理学是怎样一门学问"。

在本书的执笔过程中，承蒙 Discover 编辑部的渡边基志先生、桥本莉奈女士的关照。我想借此机会道谢。渡边先生和桥本女士在本书中对仅靠文字说明很难传达的概念和法则做出了简单易懂的图解说明。

最后，我也要感谢所有读到这里的读者朋友们，真的非常感谢各位能够耐心读完。谢谢各位。

笔者认为任何学问都是如此，学习自己不知道的东西，能够激发人的好奇心，让我们变得非常兴奋。如果读者们在学习心理学的过程中兴奋不已、心情激动，那么对于笔者来说，可谓是无上的荣幸。

内藤谊人